中等职业教育教学改革创新规划教材

数控技术应用专业教学用书

# 机 械 制 图 习 题 集

主　编　桑玉红　张晓灵

副主编　王金生　于治策

参　编　石锦秀　商丽丽　杜冬明

　　　　柳军燕　龙雪梅　张　玲

机 械 工 业 出 版 社

本习题集是桑玉红、张晓灵、毕永良主编的《机械制图》的配套教材，内容共有十个单元，在编排顺序上与主教材中的各个课题基本对应，在习题安排上强调基础训练，除了针对性的练习，还配有少量的提高题。本习题集题型丰富多样，有选择题、判断题、改错题及填空题，旨在加强对学生识图能力的训练与培养，顺应本课程教学的需要。

　　本书可作为中等职业学校机械大类专业的基础课教材，也可作为岗位培训用书。

## 图书在版编目（CIP）数据

机械制图习题集/桑玉红，张晓灵主编. —北京：机械工业出版社，2019.8（2024.8重印）

中等职业教育教学改革创新规划教材　数控技术应用专业教学用书

ISBN 978-7-111-63230-6

Ⅰ.①机…　Ⅱ.①桑…②张…　Ⅲ.①机械制图-中等专业学校-习题集

Ⅳ.①TH126-44

中国版本图书馆 CIP 数据核字（2019）第 144368 号

机械工业出版社（北京市百万庄大街 22 号　邮政编码 100037）
策划编辑：汪光灿　责任编辑：汪光灿　张亚捷
责任校对：樊钟英　封面设计：陈　沛
责任印制：常天培
北京机工印刷厂有限公司印刷
2024 年 8 月第 1 版第 2 次印刷
260mm×184mm · 10.5 印张 · 259 千字
标准书号：ISBN 978-7-111-63230-6
定价：28.00 元

电话服务　　　　　　　网络服务
客服电话：010-88361066　机 工 官 网：www.cmpbook.com
　　　　　010-88379833　机 工 官 博：weibo.com/cmp1952
　　　　　010-68326294　金 书 网：www.golden-book.com
**封底无防伪标均为盗版**　机工教育服务网：www.cmpedu.com

# 前　言

在《国家中长期教育改革和发展规划纲要（2010—2020 年）》中，推进职业教育课程改革和教材建设，是不可缺少的一项任务。数控技术应用专业作为重点支持建设专业，以培养技术应用型人才为目标，突出培养学生的实践能力，使之成为具有"复合职业能力"的专门人才。为此，山东省教育厅组织编写了数控技术应用专业的系列课程改革教材。

本习题集是根据教育部《中等职业学校机械制图教学大纲》《中等职业学校数控技术应用专业教学指导方案》和中华人民共和国人力资源和社会保障部颁发的"国家职业技能鉴定标准"，并结合笔者二十多年的教学实践编写而成的，与桑玉红、张晓灵、毕永良主编的《机械制图》教材配套使用。本习题集的编写特点如下：

1）遵循学生的认知规律，内容安排上力求循序渐进。在学生尚未建立空间概念的学习初期，多数习题都配有立体图，以帮助学生在不断的学习中积累感性知识，逐步完成由空间到平面、再由平面到空间的认知转换，有助于学生自主学习能力的提高。

2）注重知识的实用性，突出了"以识图为主"的特点，注重"识图"和"画图"的内在联系，以"体"为基础，将"线""面"的投影化简为体上"点"的投影，并且将其附着在体上，使"点"的投影知识成为绘制体的三视图的一种工具，强调了所学知识的实用性。

3）与学生的专业需求和就业需求相适应。大部分图样为数控技术应用专业相关的零件与结构图，力求与学生的校内实训和企业实习相对应。

4）习题内容新颖，形式多样，既有读图填空、补线补图、分析作图，又有数控技术应用专业相关零件图与装配图的识读等，启发学生思考问题，巩固学习效果。

习题集中带"＊"的部分为选作习题，有一定的难度，可根据实际情况安排练习。

本习题集由威海市职业中等专业学校桑玉红、张晓灵担任主编。

由于编者水平有限，书中难免有错误和不足之处，恳请读者批评指正。

编　者

# 目　录

# 单元一　制图的基本知识和技能

# 课题一 认识制图基本规定

**1.1 字体练习。**

机械制图标准序号名称件数材料比例重量备注模具加工技

必须做到字体端正笔画清楚排列整齐间隔均匀长仿宋体横平竖注意起落

0123456789ΦRABCDEFGHIJKLMNOPQRS

TUVWXYZabcdefghijklmnuvwxyzαβγμ

## 1.2　图线练习。

1. 线

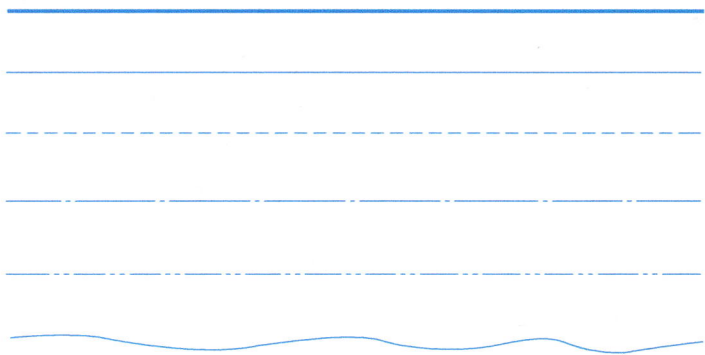

2. 圆

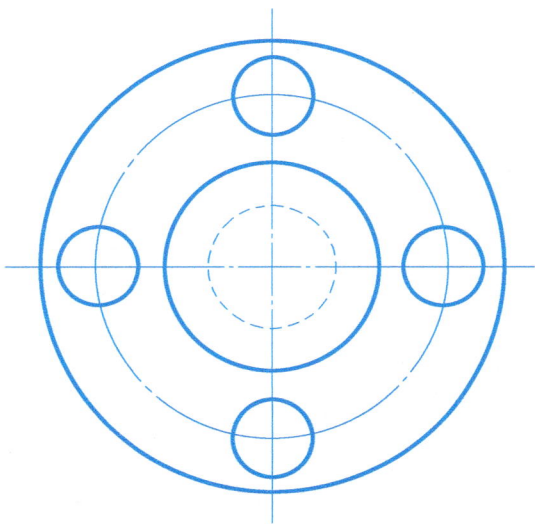

## 1.3 图线、比例练习。

1. 在右面空白处按 1:2 的比例抄画图形（不必标注尺寸）。

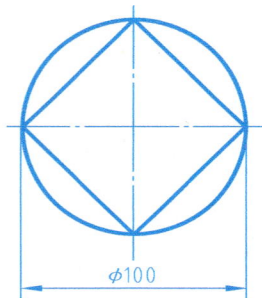

$\phi100$

2. 在右面空白处按 1:1 的比例抄画图形（不必标注尺寸），并回答问题。

① 图形中标注的尺寸（是、不是）真实大小。

② 绘图比例是否影响绘图准确度（有、无）。

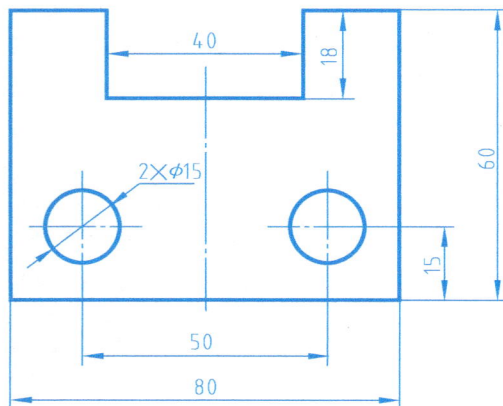

# 课题二 图形上的尺寸注法

## 2.1 尺寸标注练习（一）。

1. 画箭头填写线性尺寸数字（数值从图中量取，取整数）。

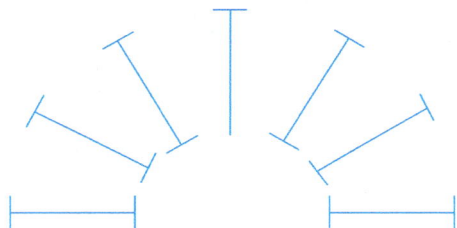

2. 标注图中的尺寸（数值从图中量取，取整数）。

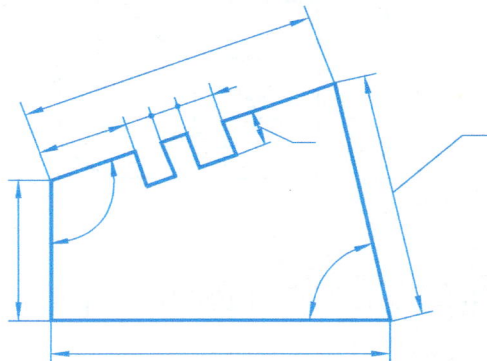

3. 标注圆及圆弧的尺寸（数值从图中量取，取整数）。

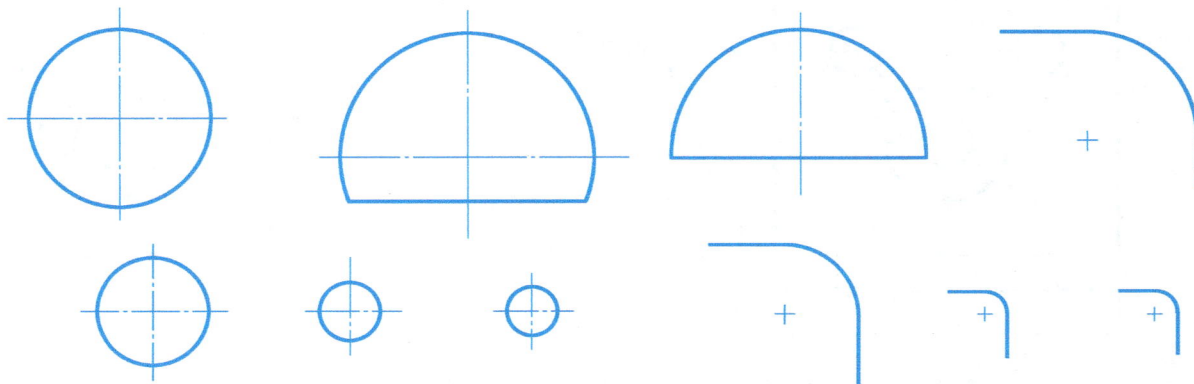

## 2.2 尺寸标注练习（二）。

**1. 将左图中的尺寸抄注到右图中。**

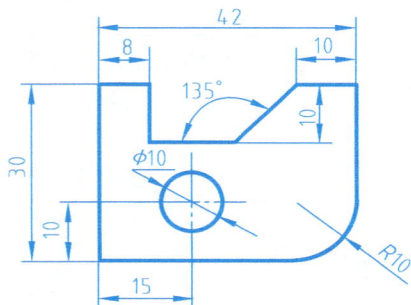

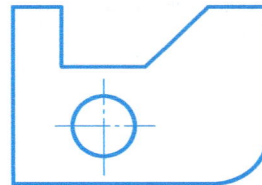

尺寸标注：42、8、10、135°、30、10、φ10、10、15、R10

**2. 根据左图中分析的尺寸注法上的错误，在右图中进行正确标注。**

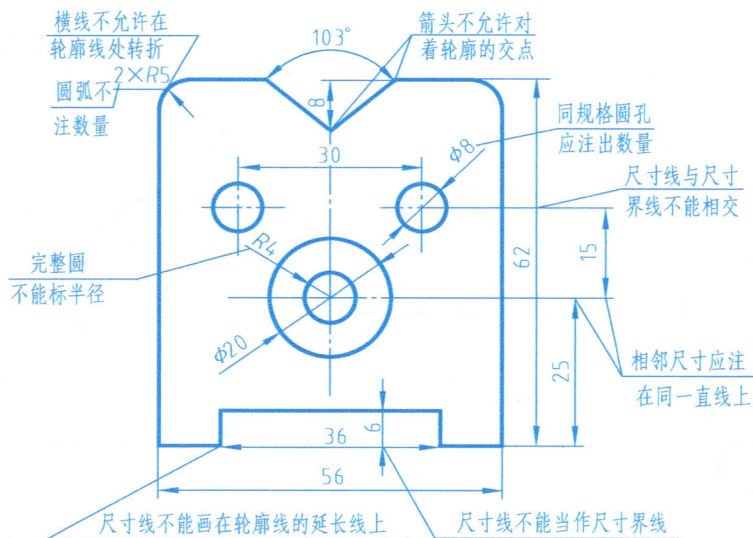

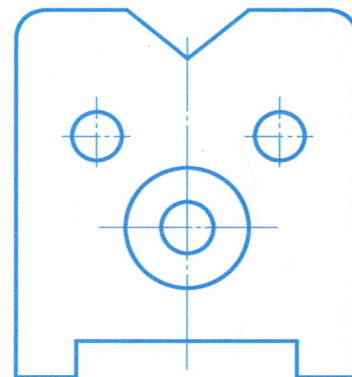

横线不允许在轮廓线处转折

箭头不允许对着轮廓的交点

圆弧不注数量

2×R5

103°

同规格圆孔应注出数量

30

φ8

尺寸线与尺寸界线不能相交

完整圆不能标半径

R4

62

15

φ20

25

相邻尺寸应注在同一直线上

36

6

56

尺寸线不能画在轮廓线的延长线上

尺寸线不能当作尺寸界线

# 课题三　绘制由直线、圆弧组成的图形

**3.1　参照图例，按指定图形完成各处圆弧连接并加深、加粗轮廓线。**

3. 2 作连接圆弧，完成图形。

1.

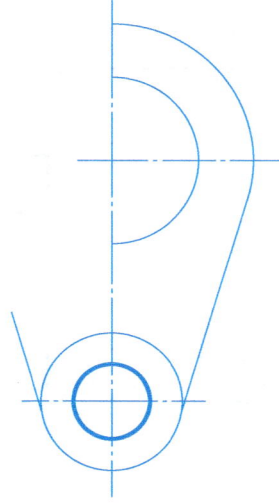

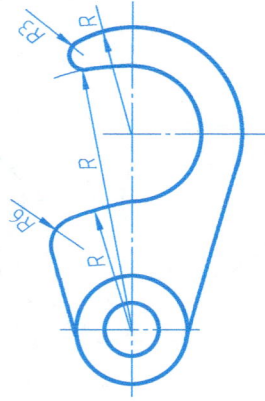

2.

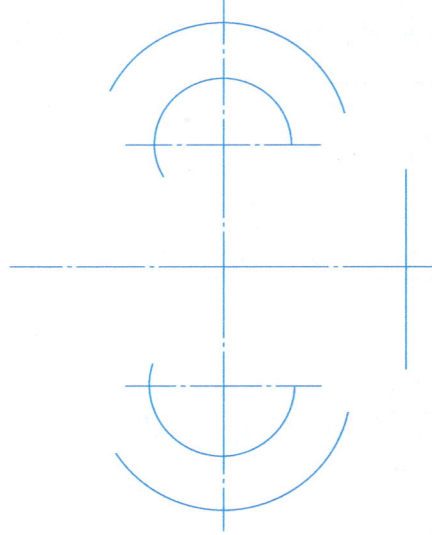

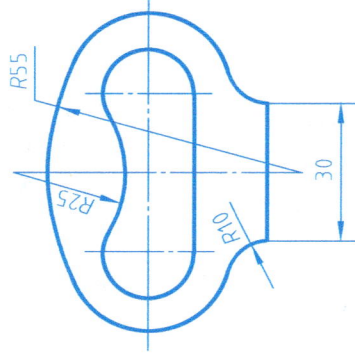

## 3.3 抄画扳手和手柄的图形。

作业要求。

1）选用合适的图幅，并绘制图框和标题栏。

2）绘图比例 1：1。

3）布图均匀，线型符合国家标准。

4）尺寸标注正确、完整、清晰，箭头、数字书写要规范。

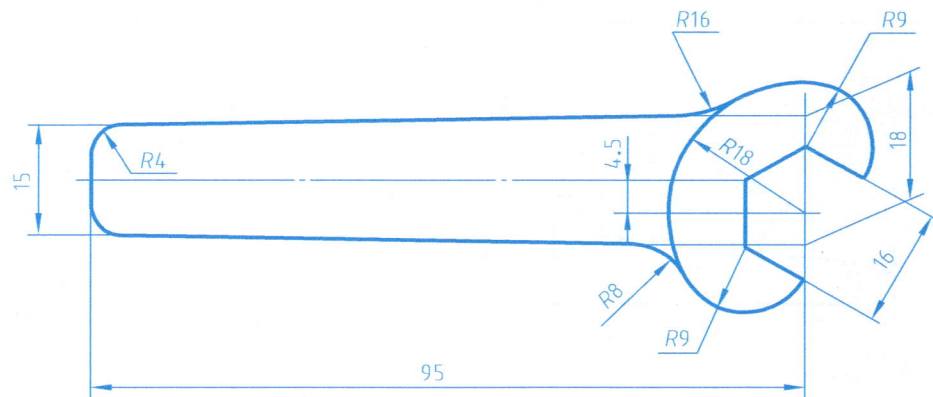

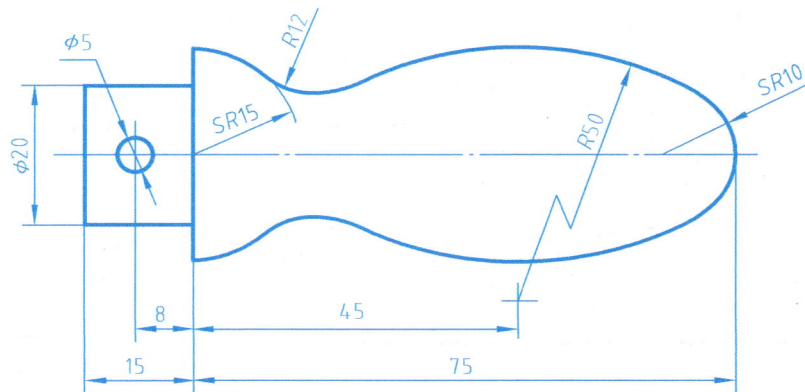

# 课题四 绘制带有斜度、锥度的图形

参照题示图形，作斜度、锥度，并进行标注。

1.

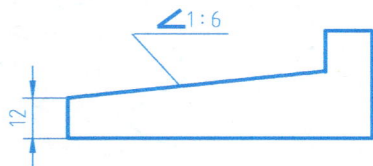

2.

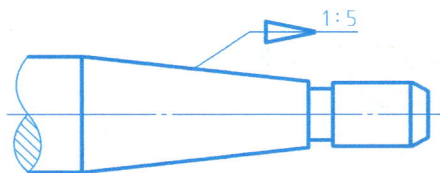

# 单元二　正投影作图基础

# 课题一 绘制单面正投影图

**1.1** 判断下列投影图，各符合正投影的什么性质。

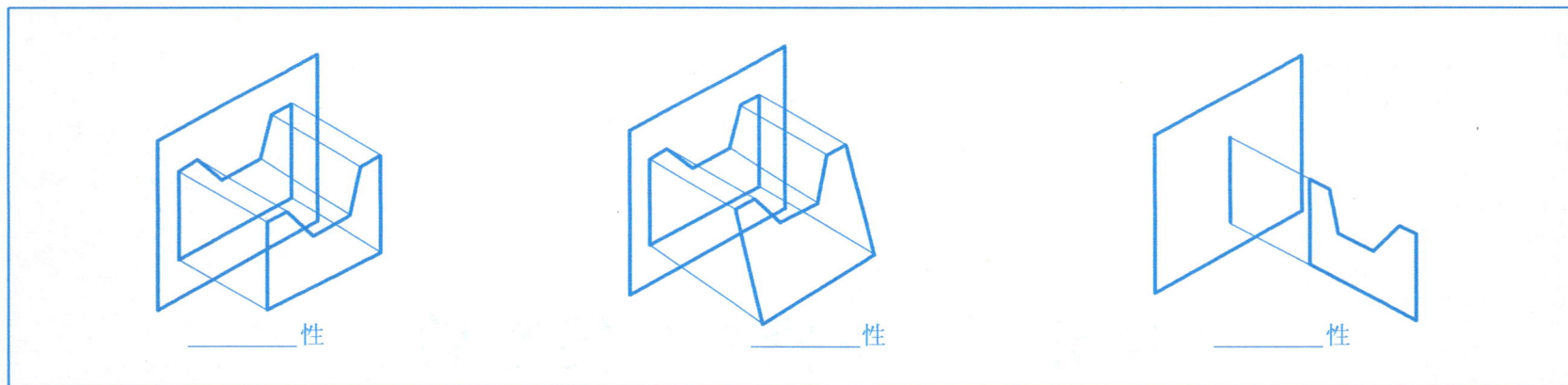

_____性　　　　　　_____性　　　　　　_____性

**1.2** 按箭头所指投射方向，作出下面物体的正投影图，并标注尺寸（比例 1 : 2）。

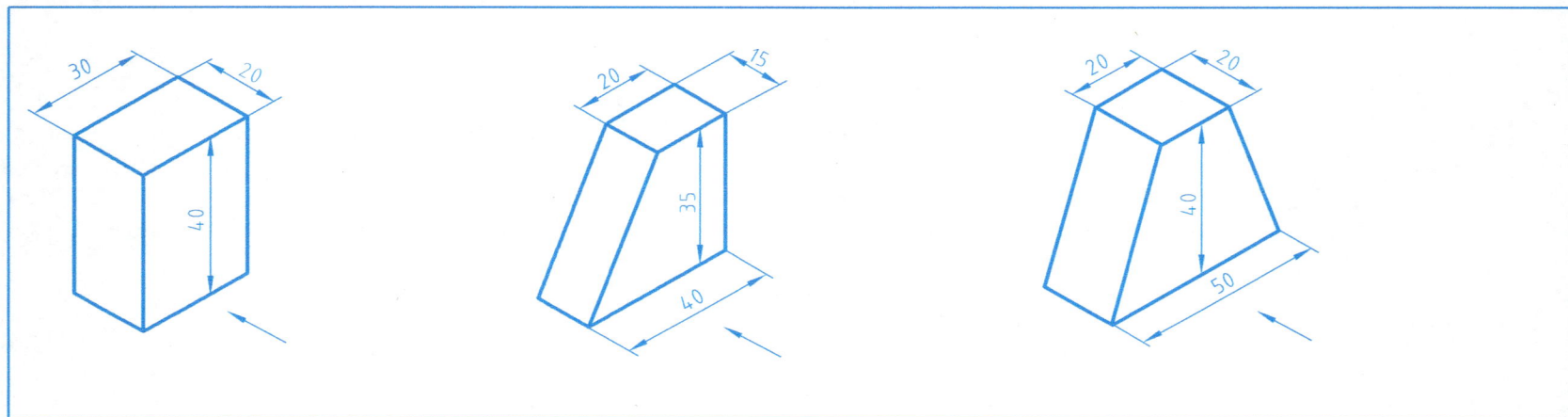

# 课题二 绘制三视图

## 2.1 三视图之间的投影关系练习。

1. 在三视图中填写视图名称，在尺寸线上的括号中选填 "长" "宽" "高"，并完成填空：

由＿＿＿向＿＿＿投射所得的视图称为＿＿＿视图；

由＿＿＿向＿＿＿投射所得的视图称为＿＿＿视图；

由＿＿＿向＿＿＿投射所得的视图称为＿＿＿视图。

主、俯视图＿＿＿对正；

主、左视图＿＿＿平齐；

俯、左视图＿＿＿相等。

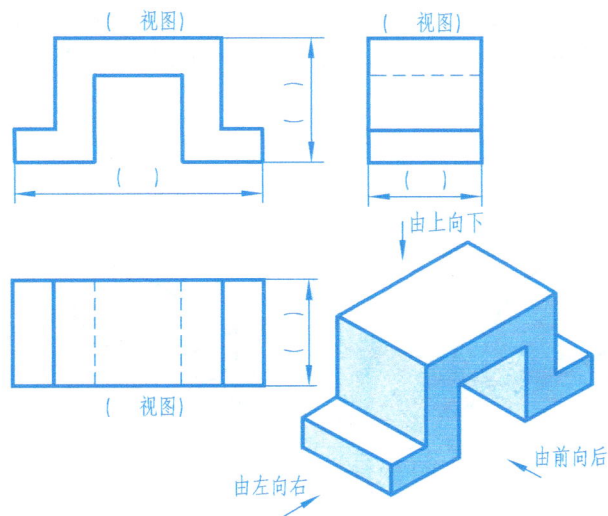

2. 在俯视图和左视图的括号中填写 "上" "下" "左" "右" "前" "后" 六个方位，并完成填空：

主视图反映物体的＿＿＿和＿＿＿；

俯视图反映物体的＿＿＿和＿＿＿；

左视图反映物体的＿＿＿和＿＿＿。

俯视图的下方和左视图的右方表示物体的＿＿＿方；

俯视图的上方和左视图的左方表示物体的＿＿＿方。

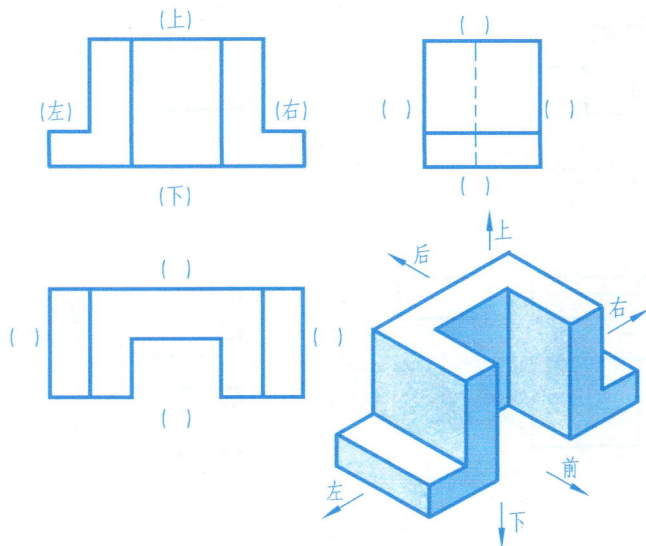

2.2 由三视图找出对应的立体图，在括号内注出对应的字母，并在立体图上表示主视方向的箭头旁注写"主视"二字。

1. (　　)

2. (　　)

(a)

(b)

3. (　　)

4. (　　)

(c)

(d)

5. (　　)

6. (　　)

(e)

(f)

2.3　根据下面立体图中标注的尺寸和箭头所指主视方向，按 1 : 2 的比例作出物体的三视图，不必标注尺寸。

1.

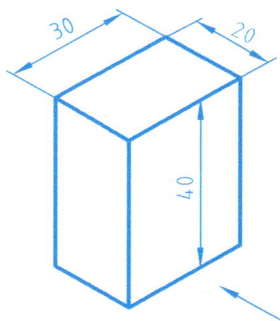

2.

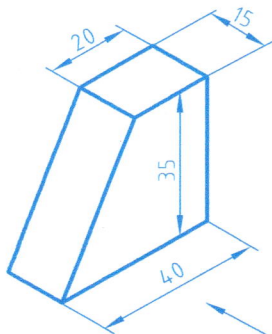

3.

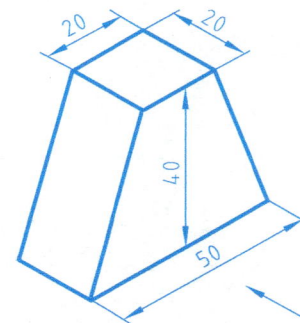

# 课题三　点的三面投影图与三视图

**3.1** 参照立体图上点的空间位置，确定 A、B、C 三点的坐标，然后根据坐标值画点的三面投影，并做填空题。

A（　　）

B（　　）

C（　　）

点 A 到 V 面的距离为_____mm　　　点 B 到 H 面的距离为_____mm　　点 C 到 W 面的距离为_____mm

**3.2** 已知 B 点距 H 面 25mm，距 V 面 15mm，距 W 面 30mm，试作点 B 的三面投影。

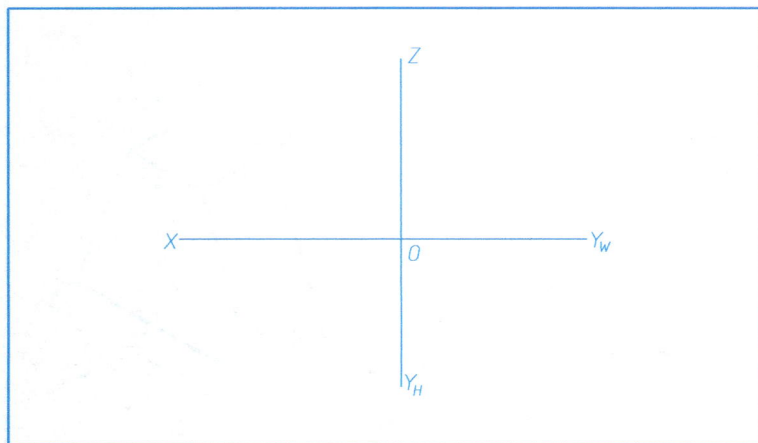

**3.3** 已知点 A 在点 B 的左方 15mm，下方 15mm，前方 10mm，求点 A 的三面投影。

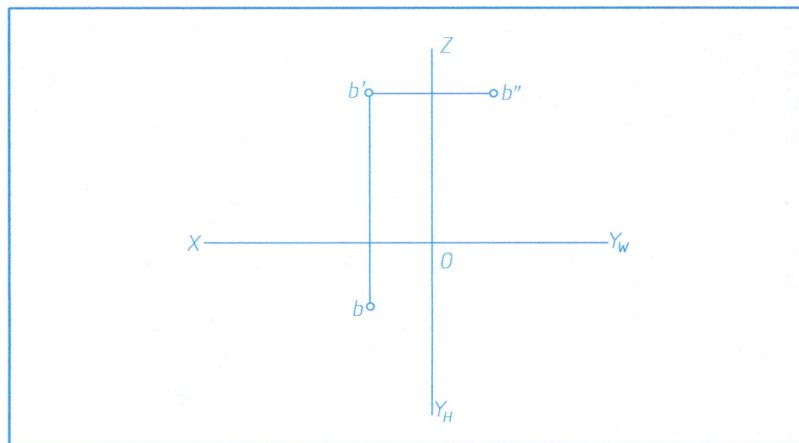

**3.4 参照右面立体图上点的空间位置，完成下面各题。**

1. 根据立体图上给定的坐标系及标注的尺寸，写出下面各点的坐标：

A ( );

B ( );

C ( );

D ( )。

2. 根据立体图上点的位置，在三视图上标出各点的三面投影。

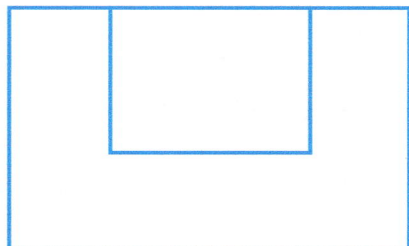

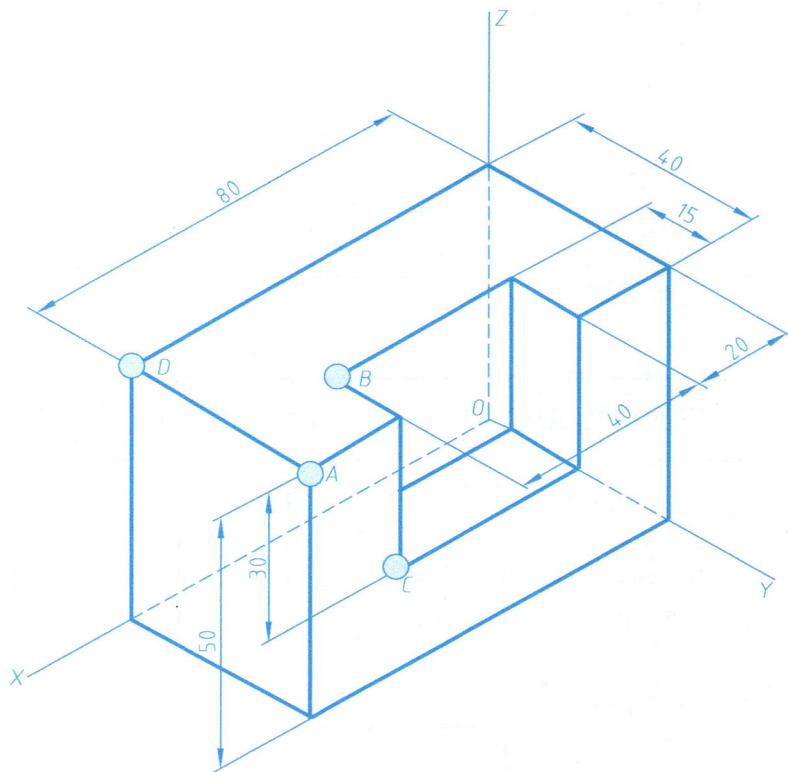

3.5 已知长方体的 $H$ 面投影，其上、下表面间的距离为 20mm，又知底面在 $H$ 面上，试完成各点三面投影，注意重影点的标注要正确。

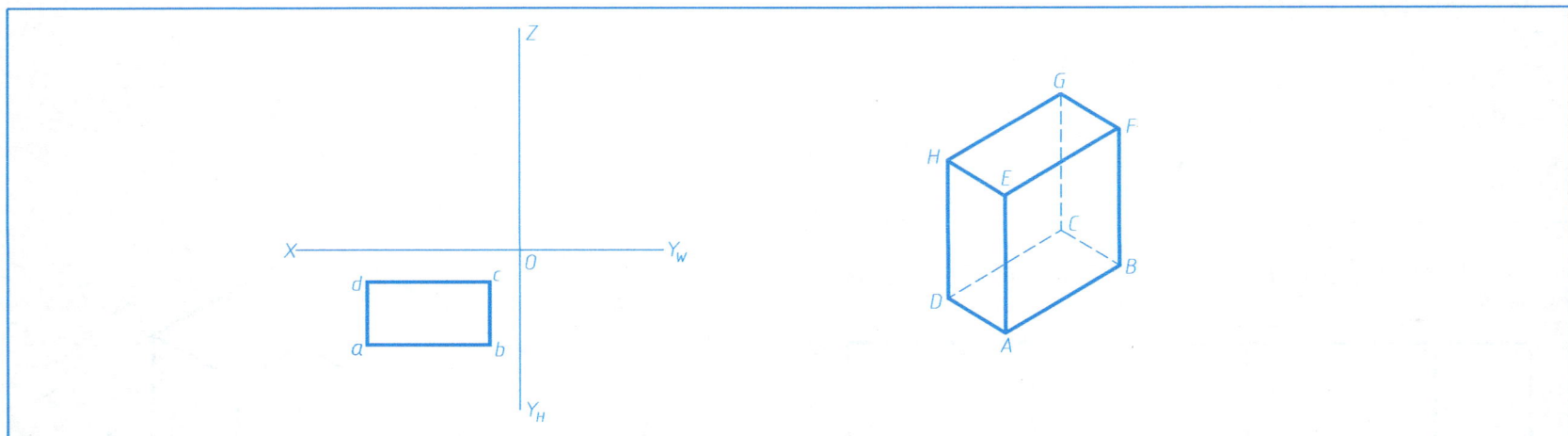

3.6 在下图中将 $AB$、$a''b''$、$CD$、$c'd'$、$c''d''$注全，并描深图线。

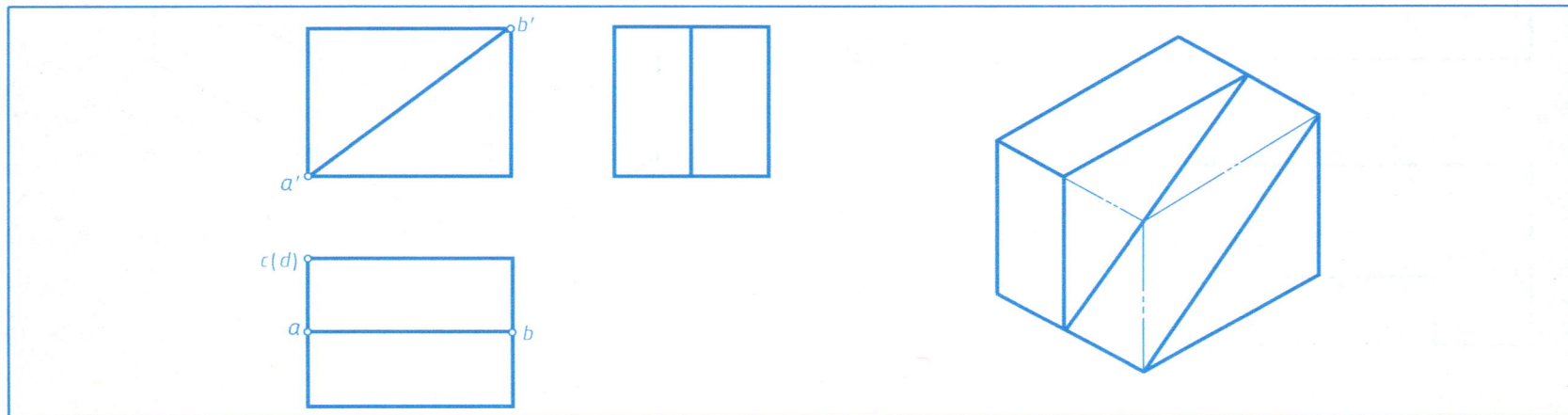

3.7  已知物体上 A、B、C、D 四点的两面投影，标
     出它们的侧面投影，并在立体图上标出其位置。

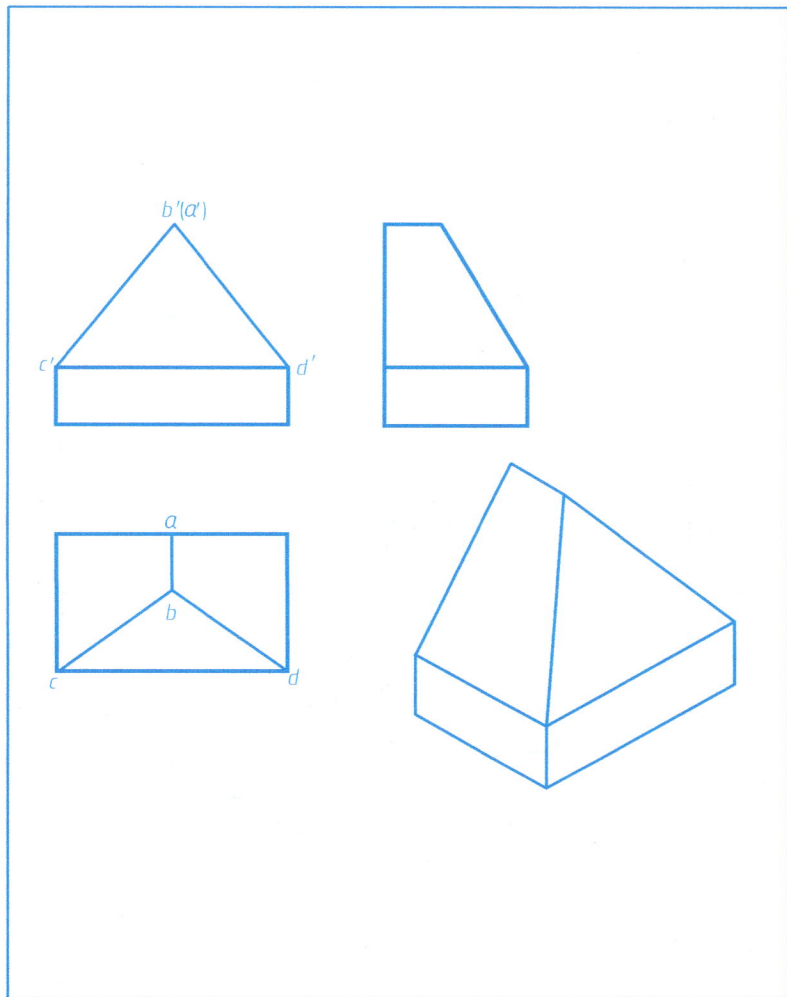

3.8  在给定的三视图上标出 A、B、C 三点的三面投
     影，并检查三视图是否漏线，把漏画的线画出。

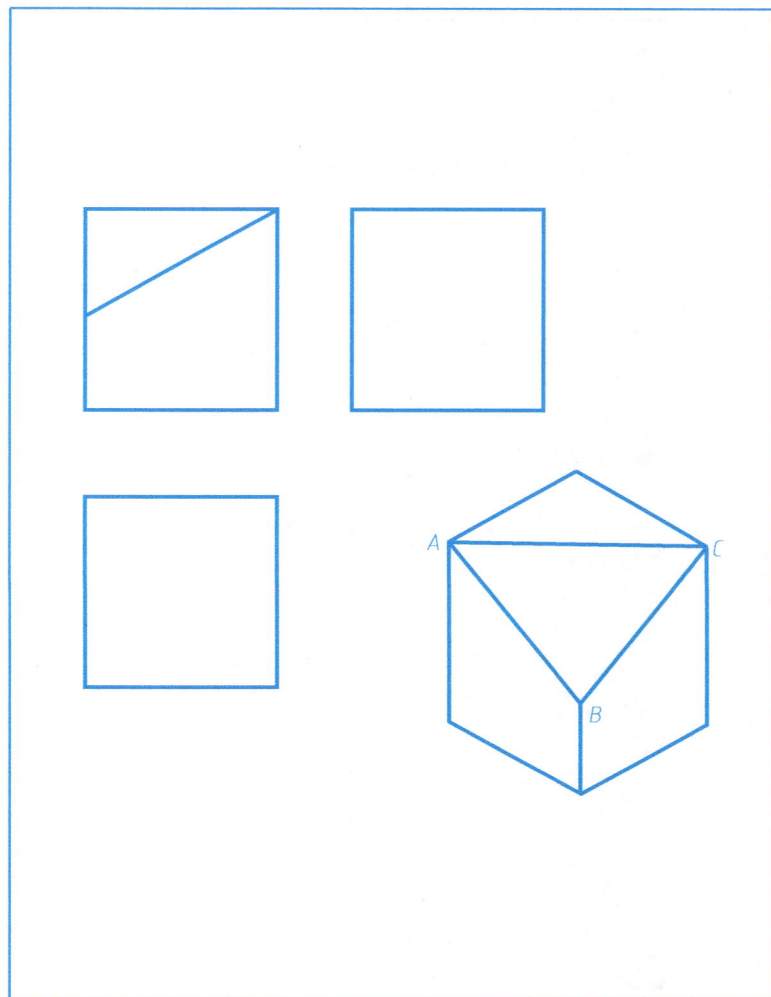

3.9 观察三棱锥的组成，已知其底面在 $H$ 面上，并已知四个点的水平投影 $s$、$a$、$b$、$c$，且知锥高为 20mm，试作出三棱锥的三面投影图。

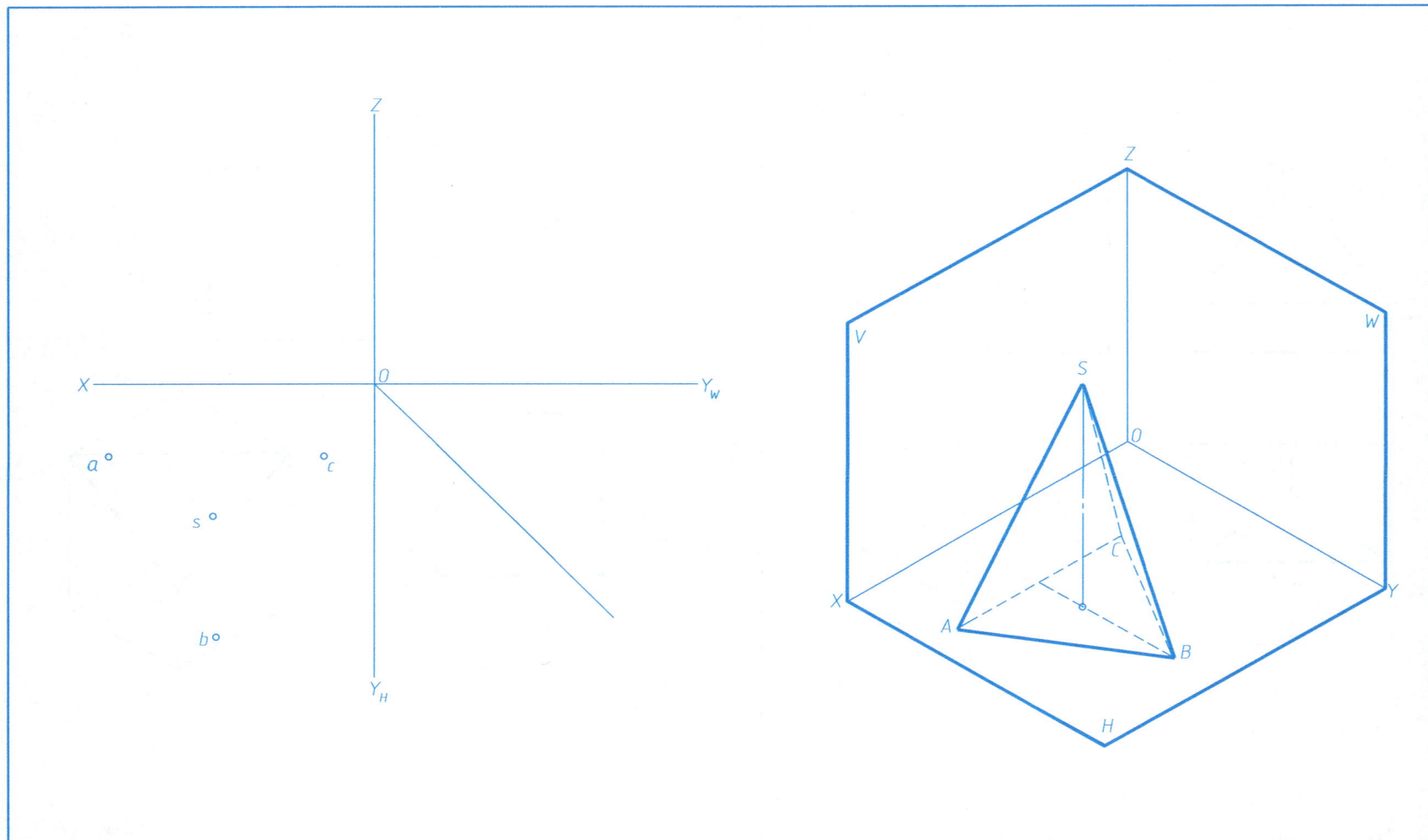

## 3.10 根据给定的立体图及各点的空间位置，在三视图中标出各点的三面投影，检查视图中有无漏线并补画。

1.

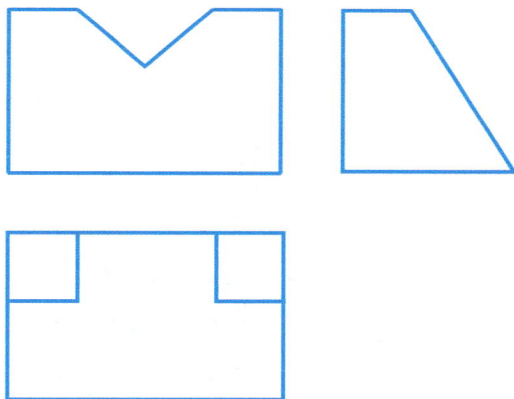

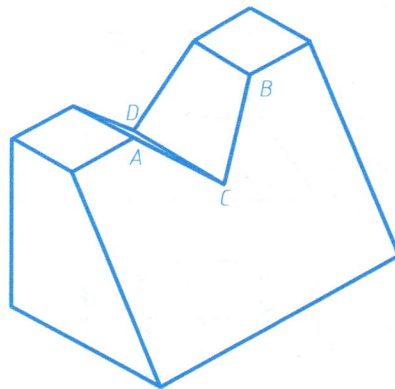

2.

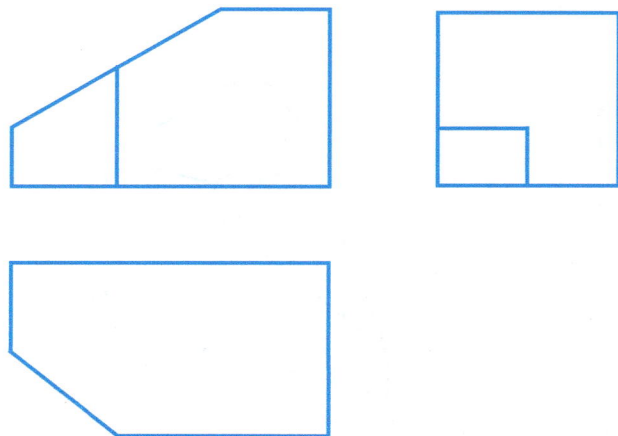

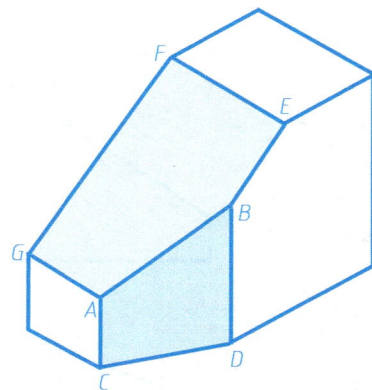

**3.11** 根据给定的立体图，参照上题补画三视图中的漏线。

1.

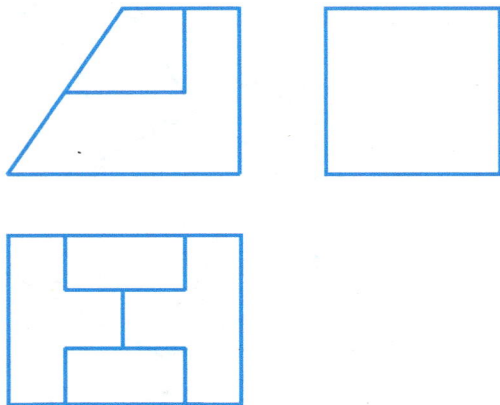

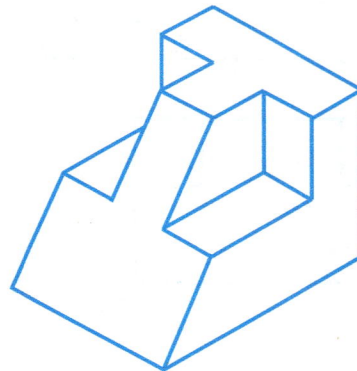

2.

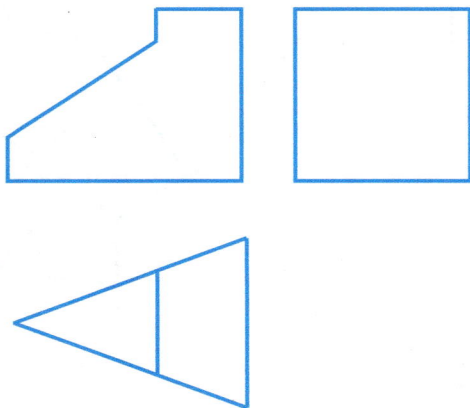

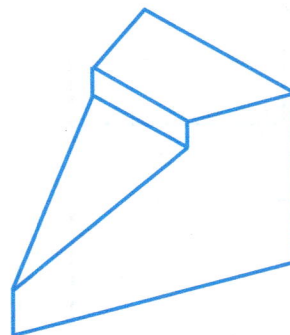

**3.12 利用点的投影规律，按要求完成下面各题。**

1. 已知三棱台的主、俯视图，试作出其左视图。

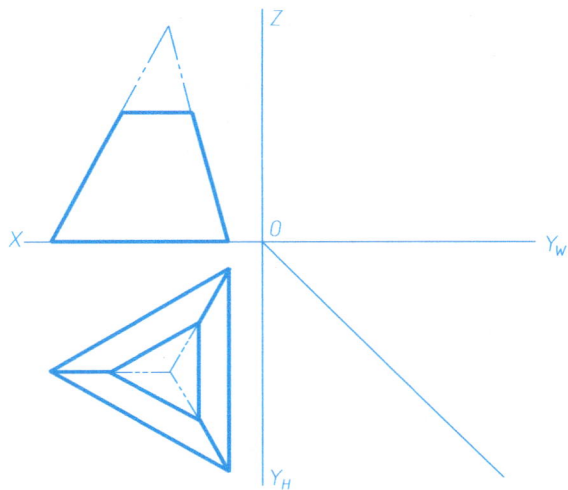

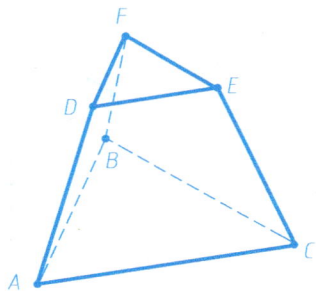

2. 已知Ⅰ、Ⅱ、Ⅲ三点分别在三棱锥的 SA、SB、SC 上，求此三点的水平和侧面投影，并将其同面投影连接起来。

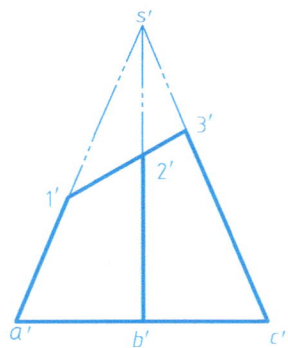

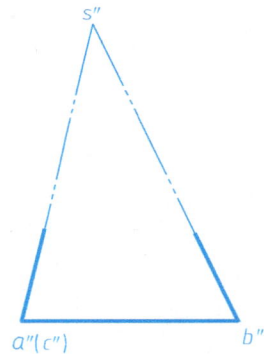

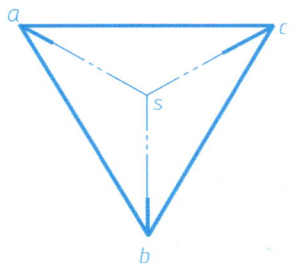

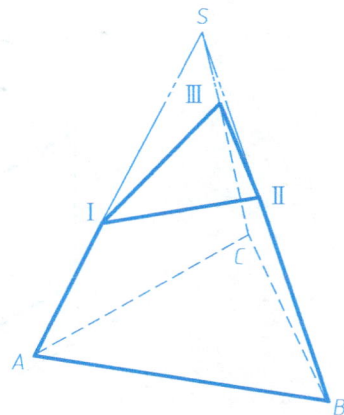

*3.13 从立体图量取尺寸（取整数），完成下面物体的三视图，不必标注尺寸。

1.

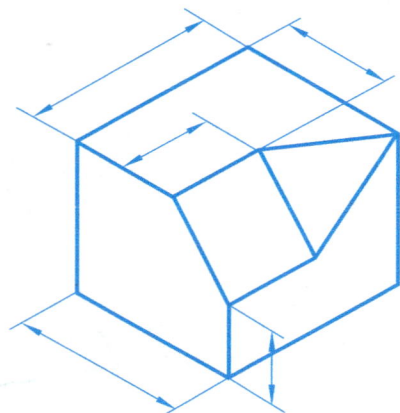

2.

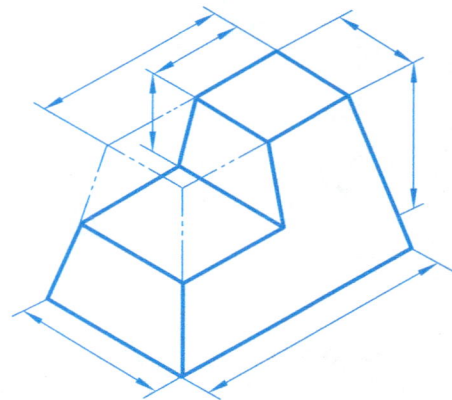

# 单元三　基本体及其切割体的三视图

# 课题一 绘制棱柱的三视图

**1.1** 根据立体图，绘制下列棱柱的三视图，箭头所指方向为主视图方向，尺寸从立体图中按 1：1 的比例量取（取整数）。

1.

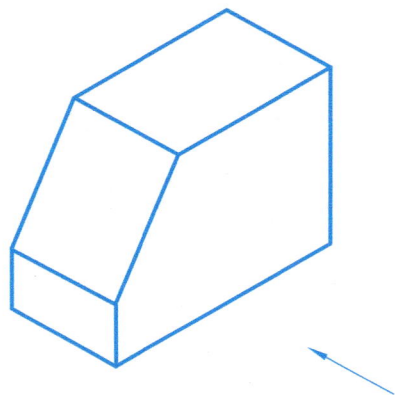

2.

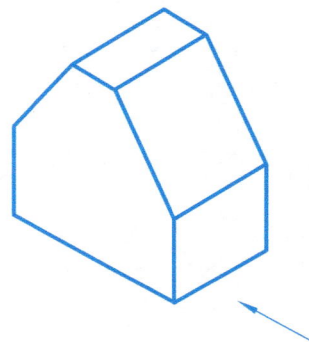

1. 1 （续）

3.

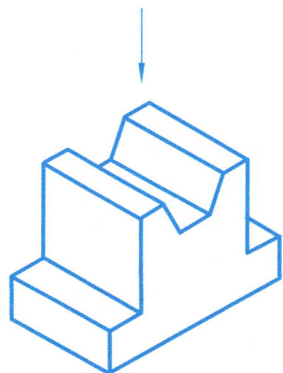

4.

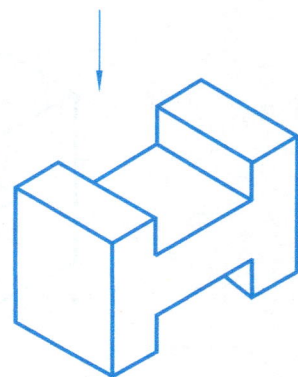

1.1 （续）

5.

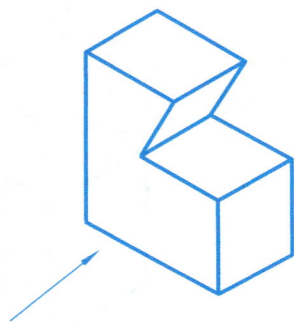

6.

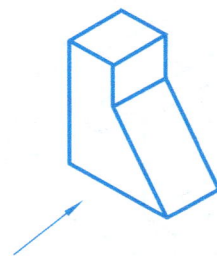

1.2 根据给定的三视图，想象几何体的形状，并补画视图中的漏线。

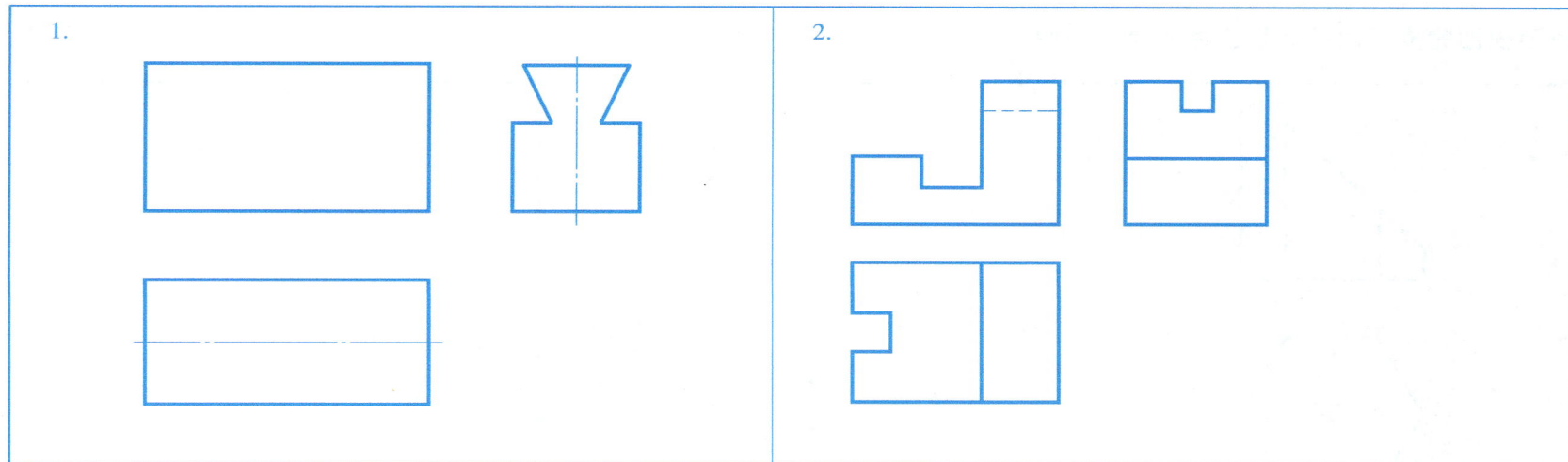

1.

2.

1.3 由两面视图补画第三视图。

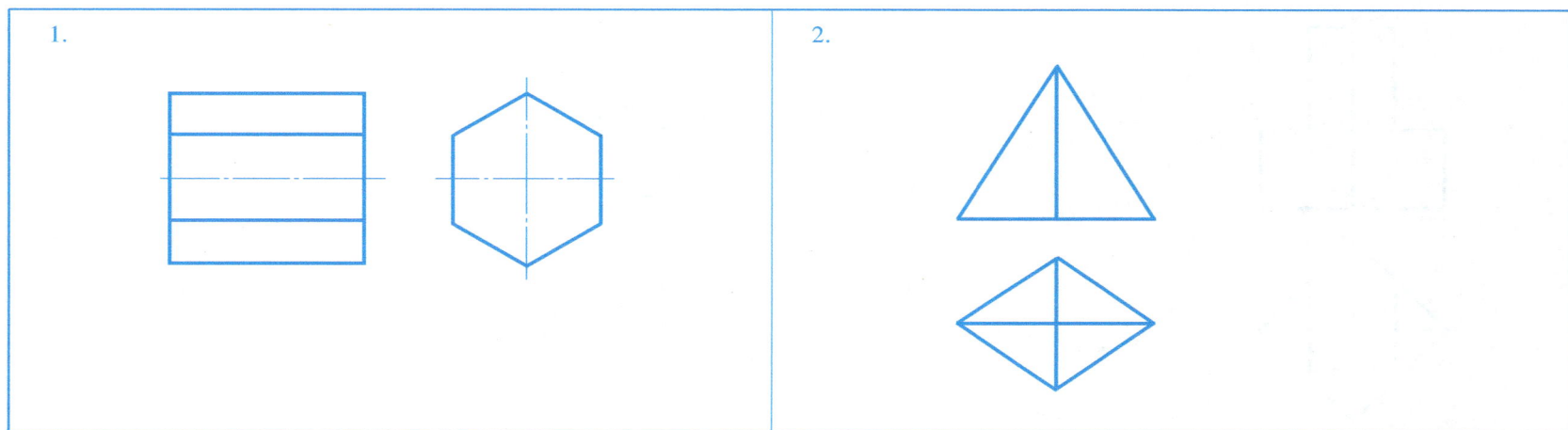

1.

2.

# 课题二 绘制棱柱切割体的三视图

由两视图完成下面平面切割体的第三视图。

1.

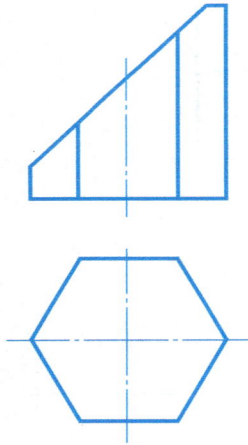

2.

3.

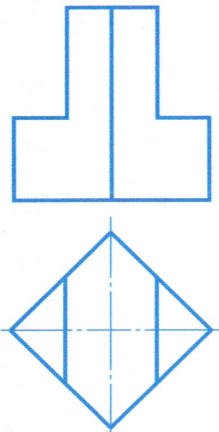

4.

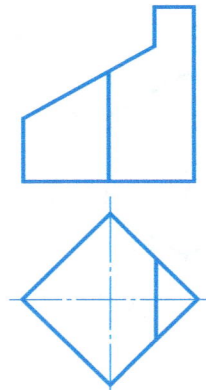

5.

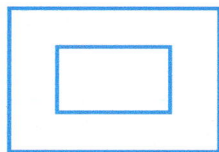

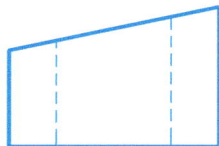

6.

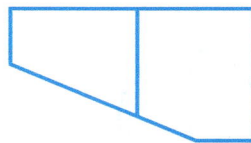

* 7.

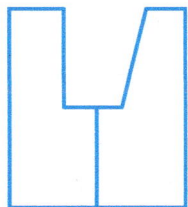

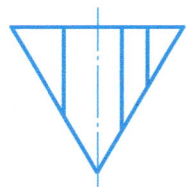

* 8.

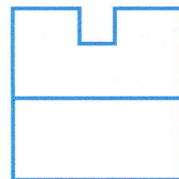

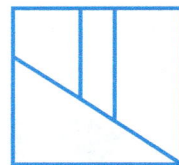

31

# 课题三  绘制圆柱的三视图

**3.1  根据要求完成圆柱的三视图。**

| 1. 已知圆柱的左视图，柱高为 25mm，绘制另两面视图。 | 2. 根据立体图，绘制半圆柱的三视图（尺寸从图中量取，取整数）。 |
|---|---|
| 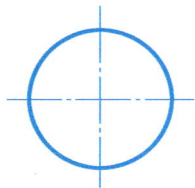 | 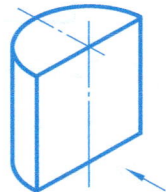 |

**3.2  已知圆筒外径为 20mm，内径为 10mm，高度为 15mm，试完成图示两种位置圆筒的三视图。**

| 1. | 2. |
|---|---|
|  |  |

3.3 已知两视图补画第三视图。

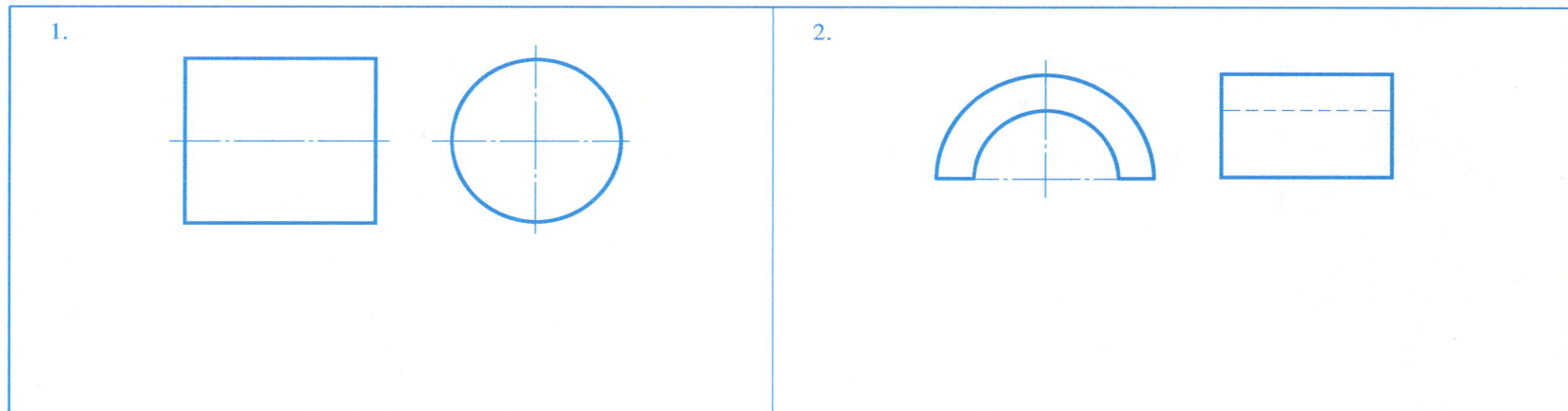

1.

2.

3.4 已知圆锥的俯视图，锥高为 25mm，画出该圆锥的三视图。

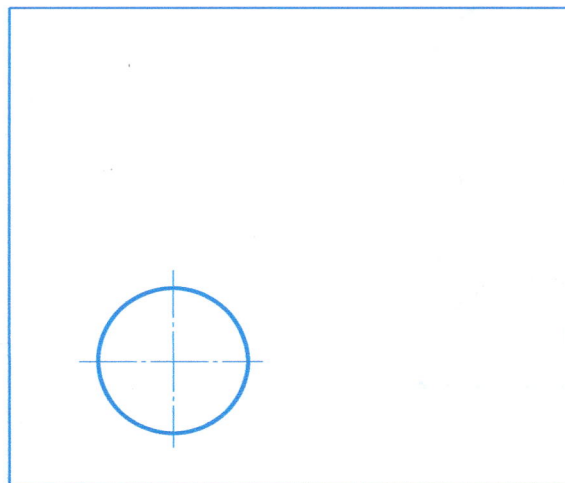

3.5 已知圆台的两圆平面的直径分别为 25mm 和 15mm，圆台高度为 25mm，按箭头方向作为主视方向，绘制圆台的三视图。

## 3.6 已知两面视图，补画第三视图。

1.

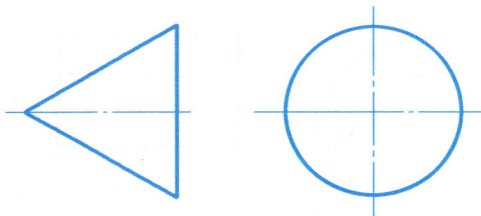

2.

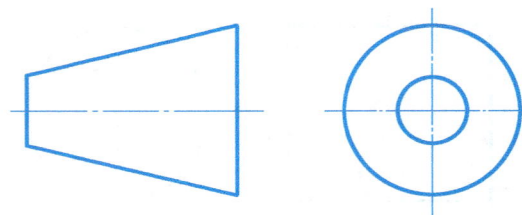

3.

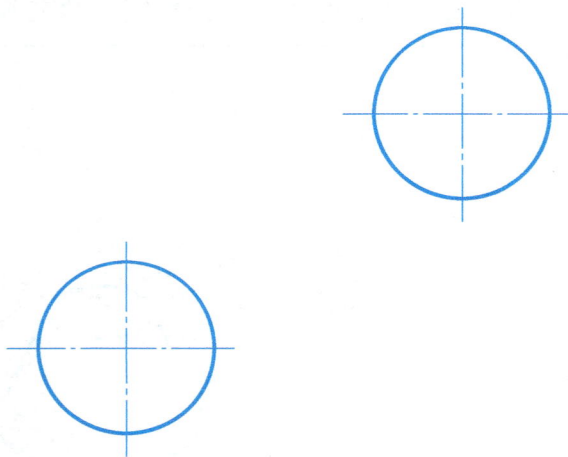

4.

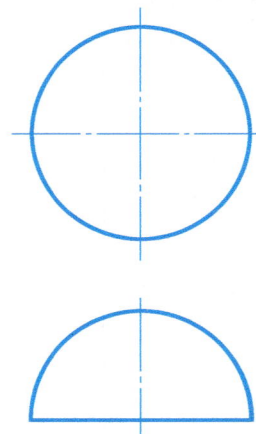

# 课题四 绘制圆柱切割体的三视图

**4.1** 根据立体图，完成圆柱切割体的三视图，尺寸从图中量取（取整数）。

1.

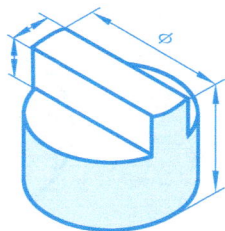

2.

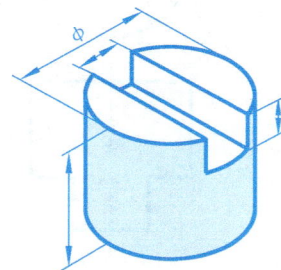

3.

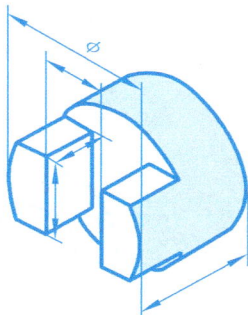

*4. （四个斜面与圆柱轴线之间的夹角均为 30°）

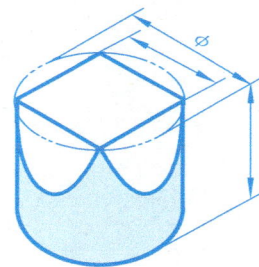

## 4.2 根据两面视图，完成圆柱切割体的第三视图。

1.
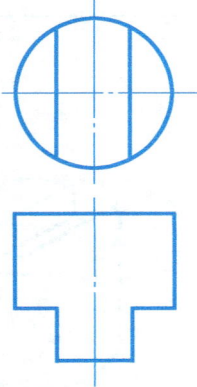

2.
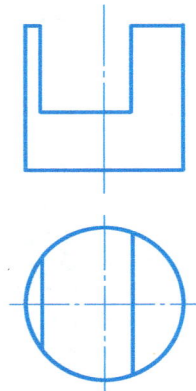

3.
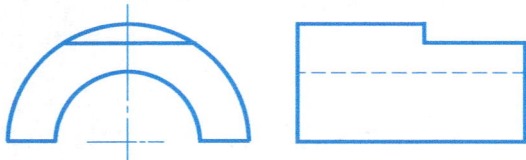

4.
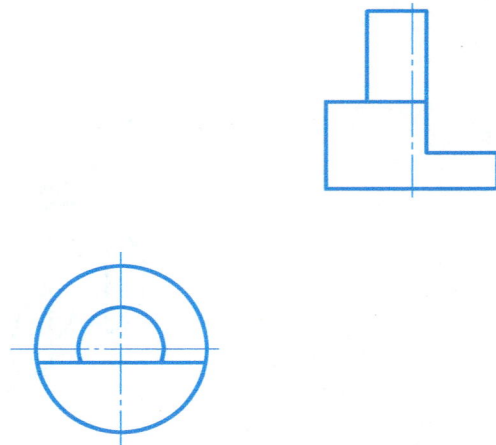

4.2 （续）

5.

*6.

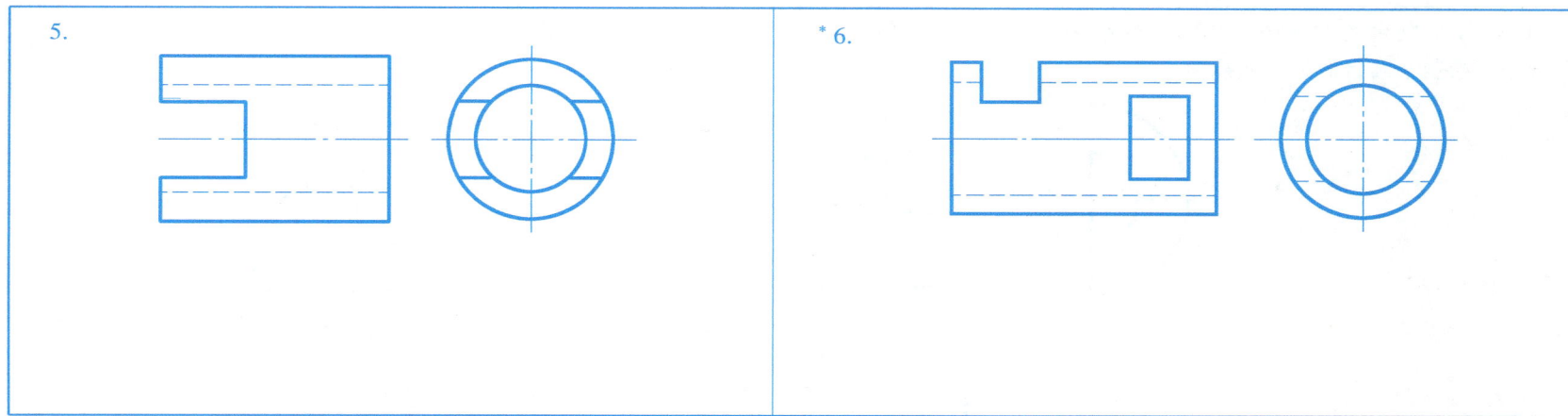

4.3　根据两面视图，完成球切割体的第三视图。

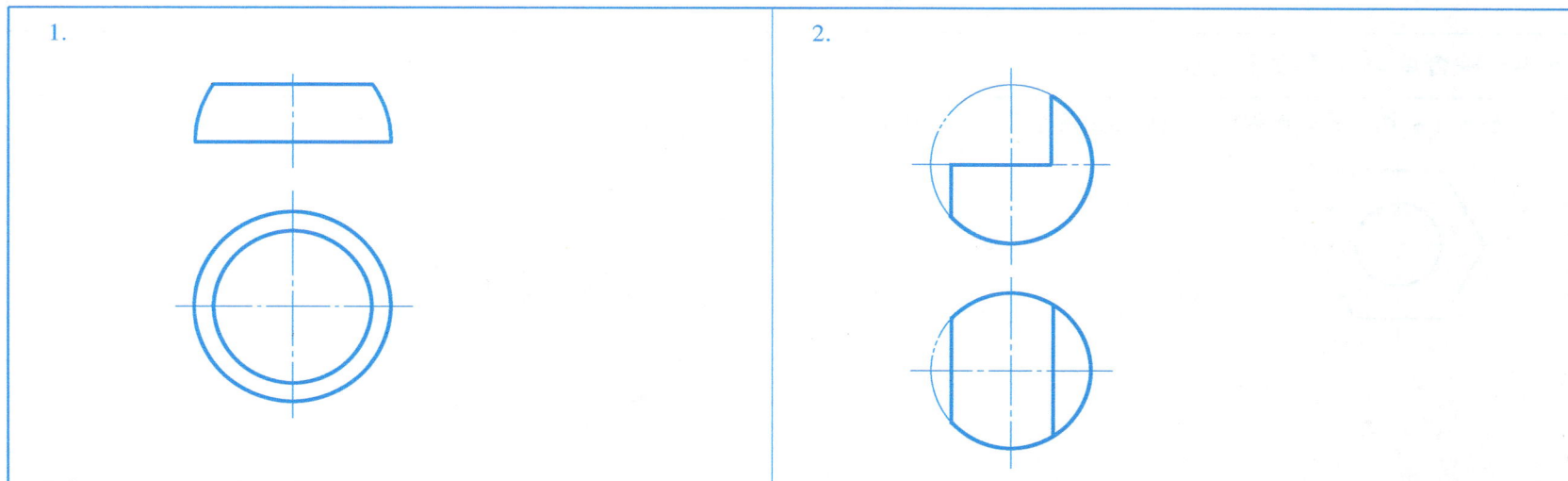

1.

2.

| | |
|---|---|
| 1. 已知半圆台的左视图，半圆台的高为25mm，绘制半圆台的另两面视图。 | 2. 根据所给图形，想象形状并补全三视图。<br>①　　　　　　　　*② |

4.5　综合练习（答案不是唯一的）。

| | |
|---|---|
| 1. 根据主视图，补画俯视图（该形体由两个几何体组成）。 | 2. 根据俯视图，补画主视图（该形体由三个几何体组成）。 |

# 单元四　基本体叠加的三视图

# 课题一　绘制表面交线为平面直线或曲线时的三视图

1.1　根据立体图，补画三视图中所缺的线。

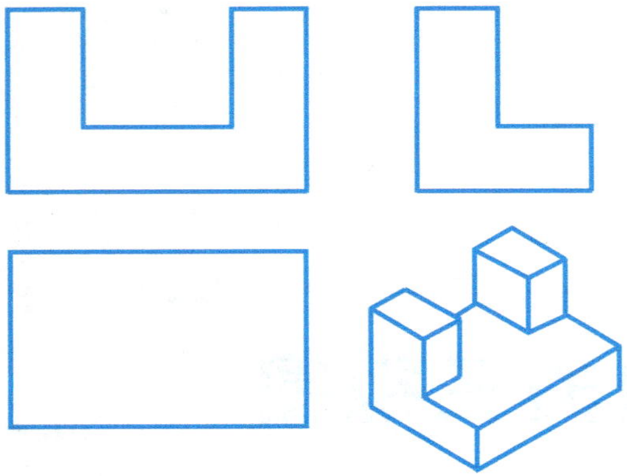

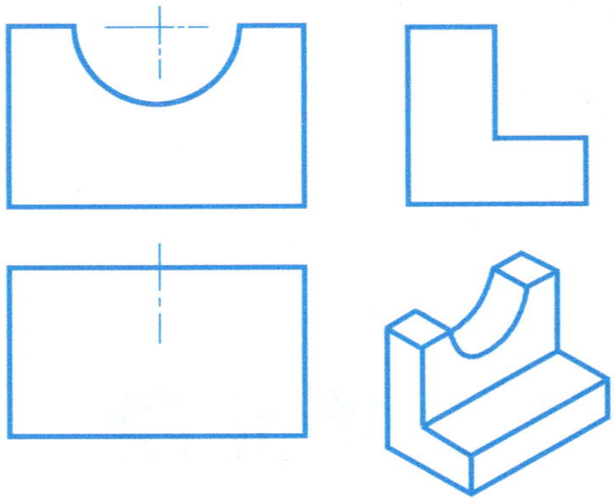

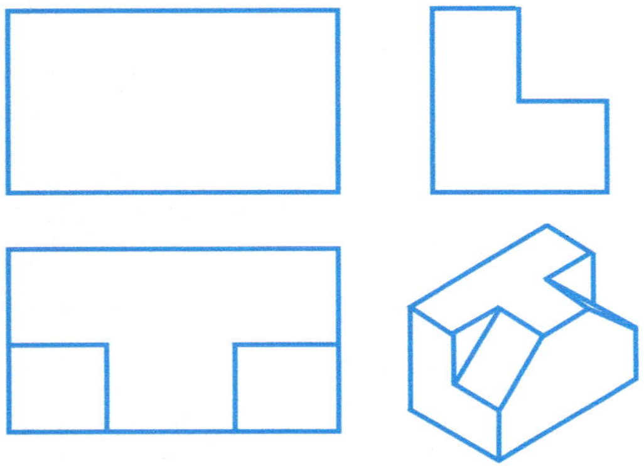

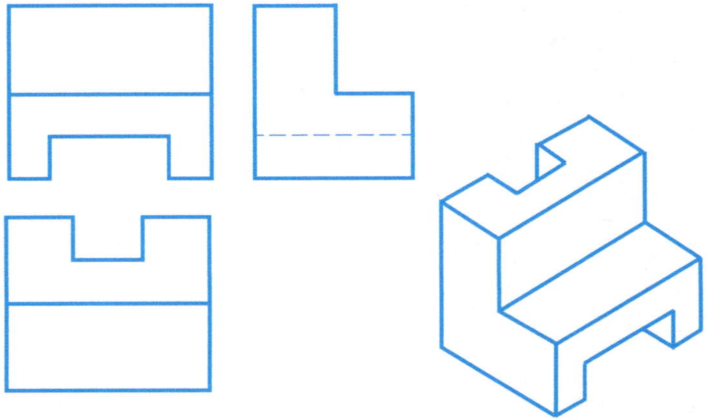

## 1.2　根据立体图，绘制三视图，尺寸按 1：1 从图中量取（取整数）。

1.

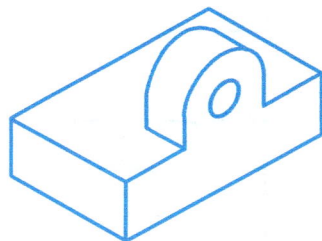

2.

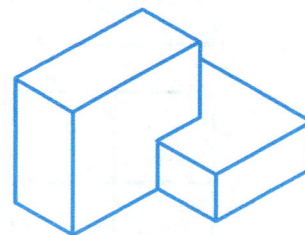

3.

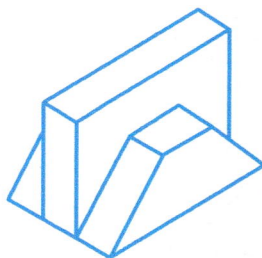

4.

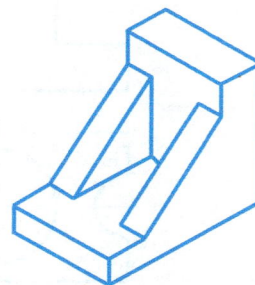

**1.3 已知两面视图，补画第三视图。**

1.

2.

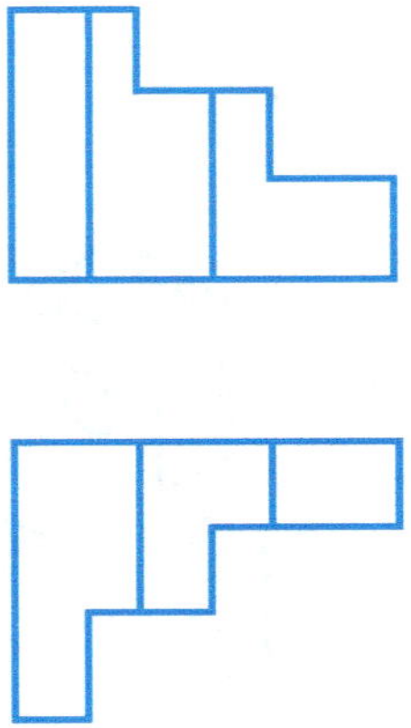

**1.4 补画主视图中的漏线。**

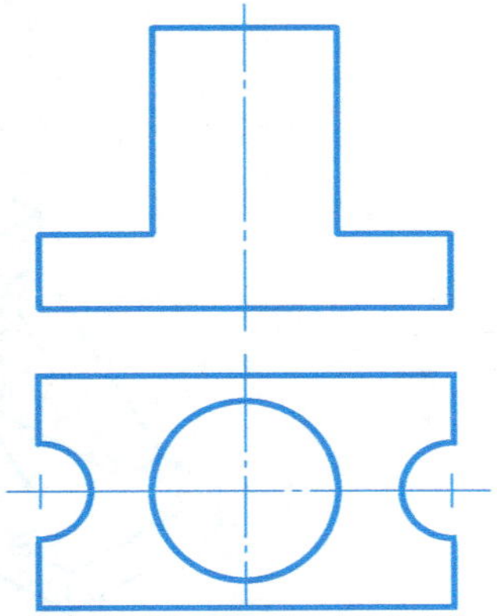

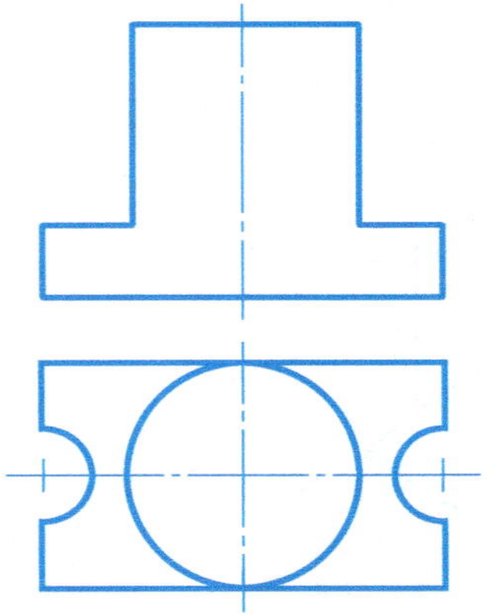

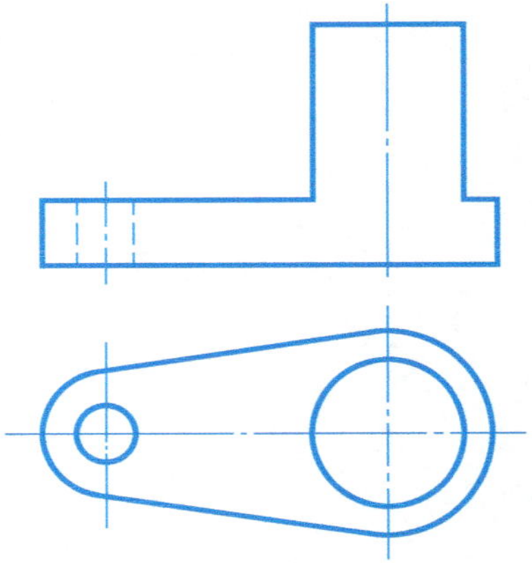

**1.5　补画主视图中的相贯线，并补画第三视图。**

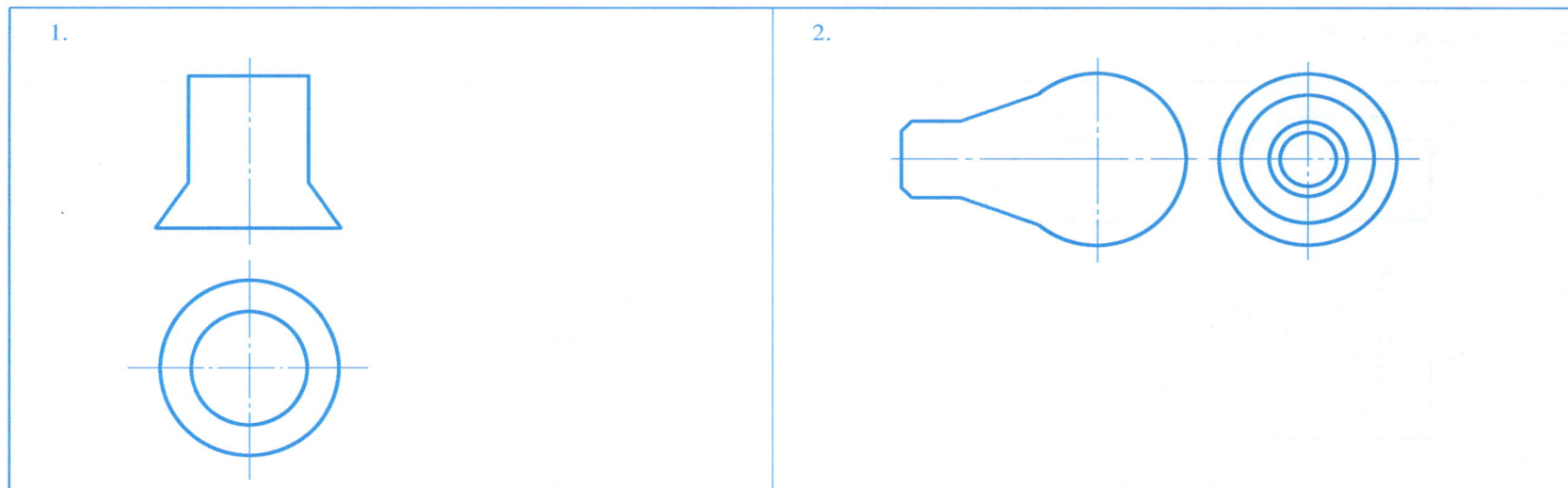

1.

2.

**1.6　从立体图中量取尺寸，按 1：1 的比例绘制同轴回转体的三视图。**

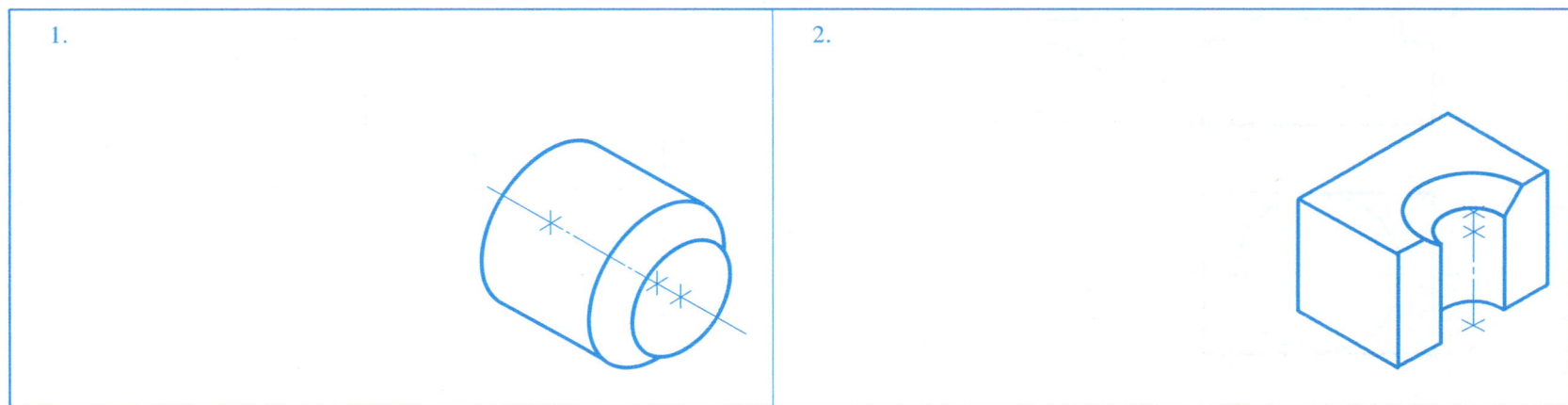

1.

2.

## 课题二　绘制两正交回转体的三视图

**2.1**　补画视图中漏画的相贯线。

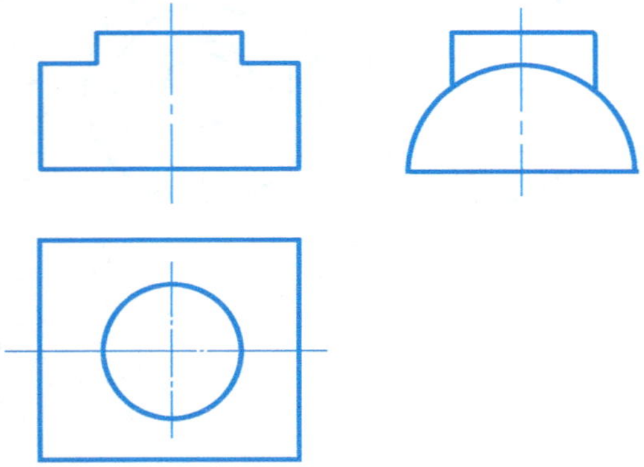

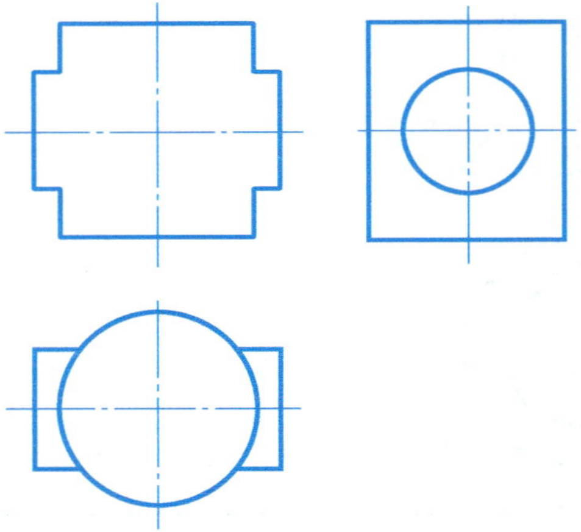

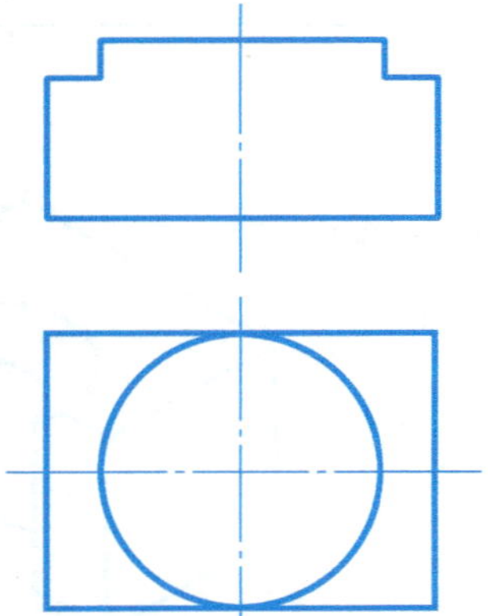

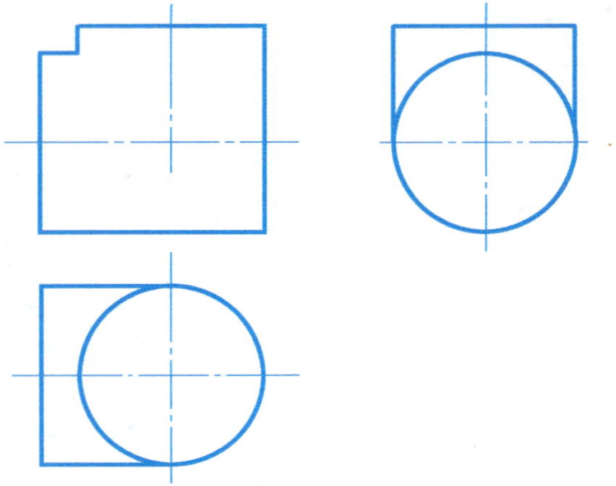

## 2.2 补画视图中漏画的相贯线。

1.

2.

3.

4.

## 课题三 绘制表面相交或相切时的三视图

### 3.1 补画视图中漏画的图线。

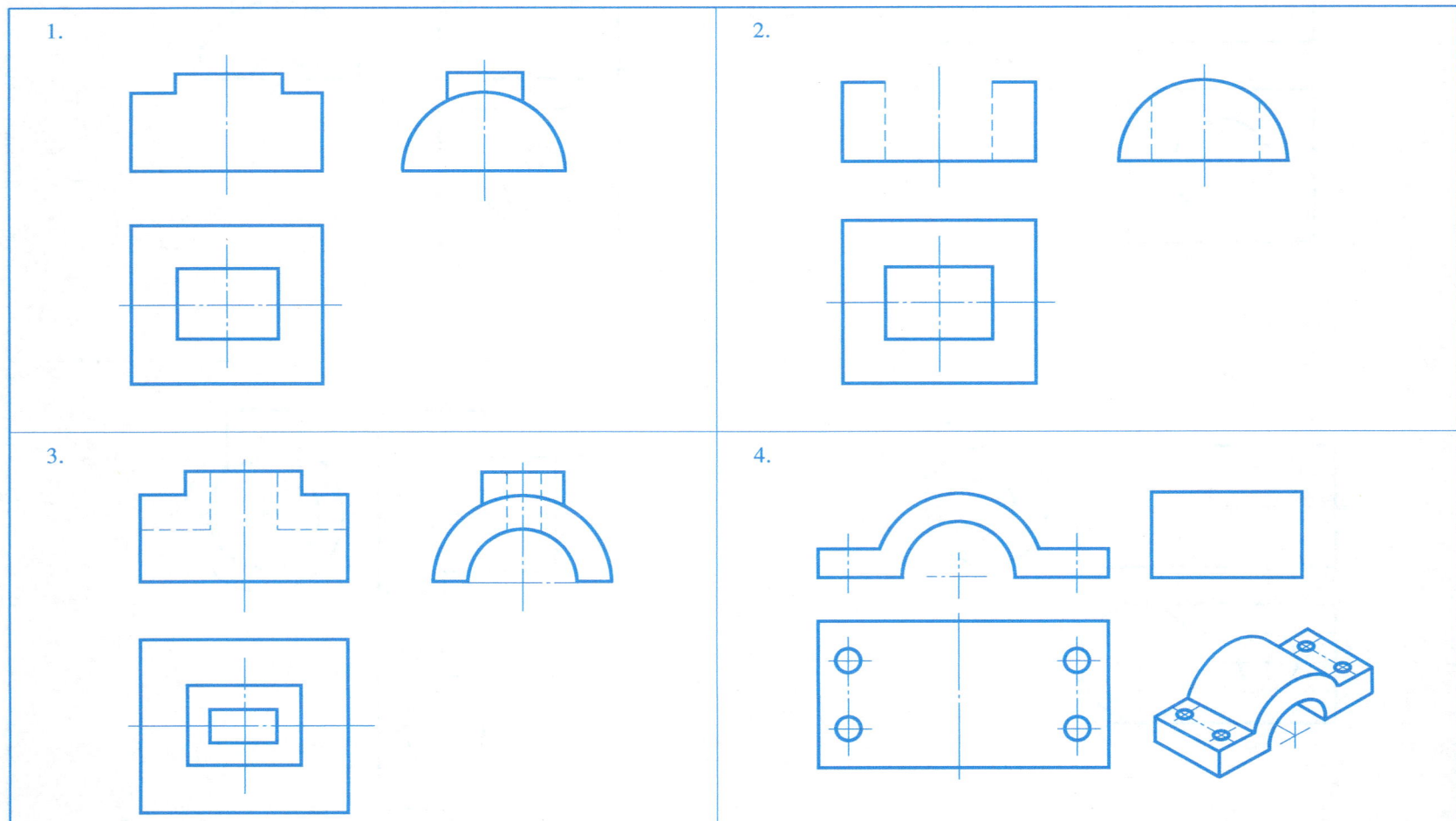

1.

2.

3.

4.

3.2 由主、俯视图，想象立体形状，选择正确的左视图。

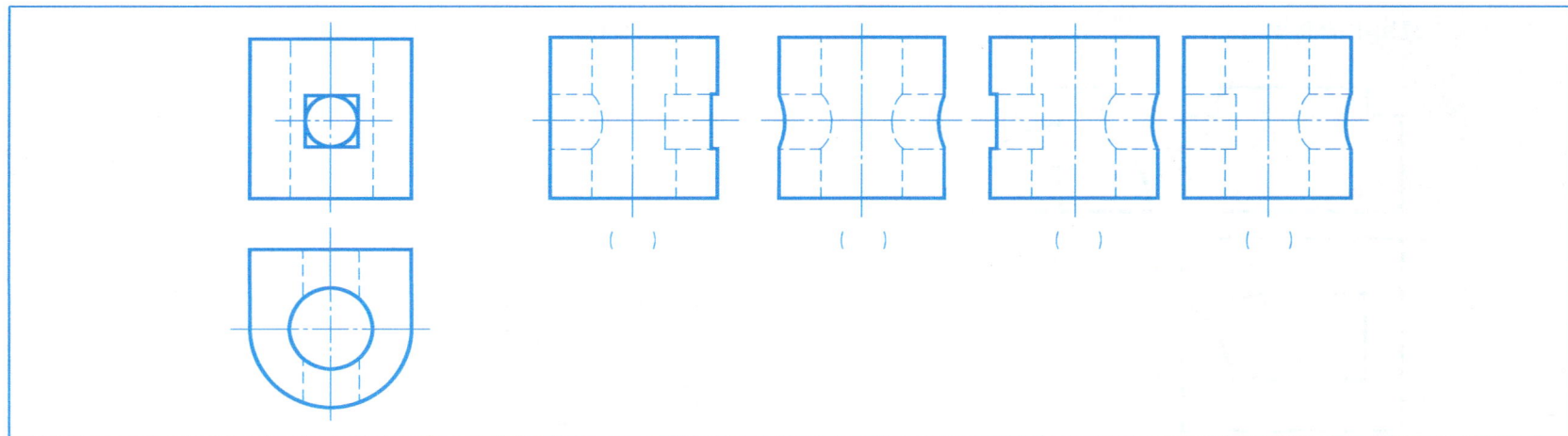

( )　　　( )　　　( )　　　( )

3.3 由给定的视图，想象立体形状，并补画图中的漏线。

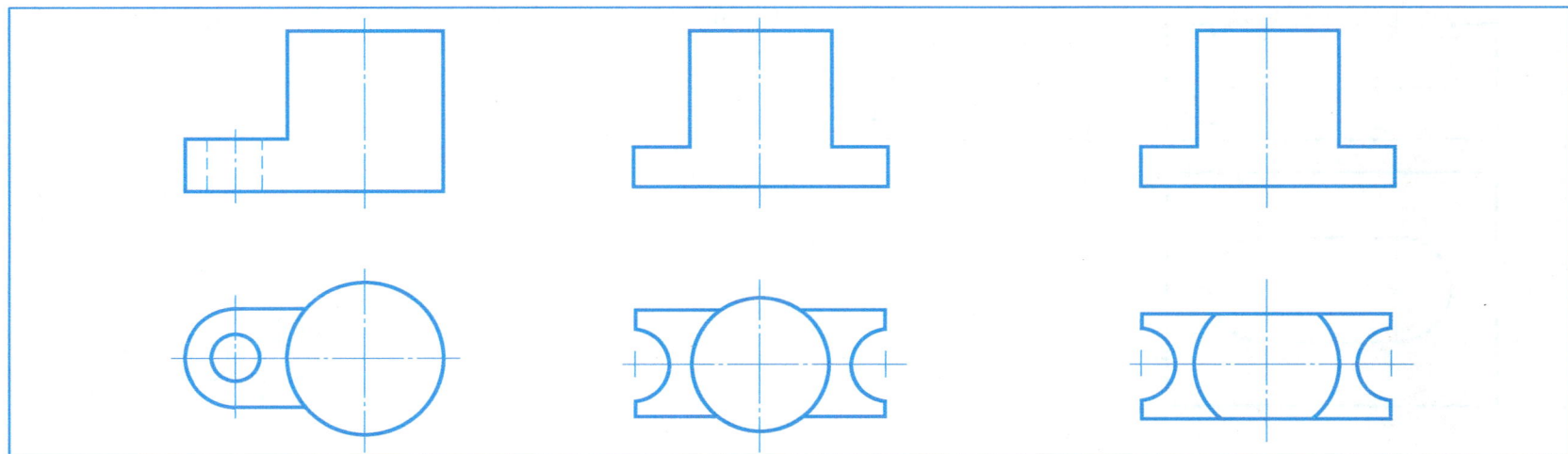

## 3.4 按要求完成下列各题。

1. 补画三视图中的漏线。

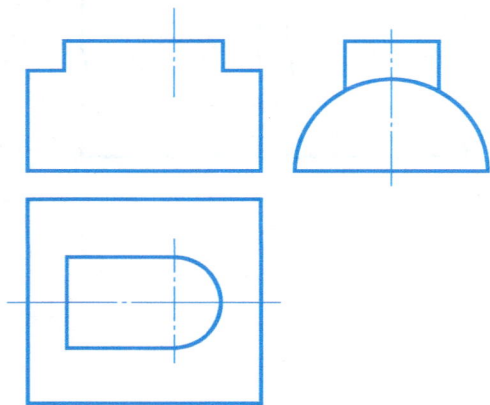

2. 根据两面视图，想象立体形状，并补画第三视图。

3. 由给定的视图想象立体形状，并补画图中的漏线。

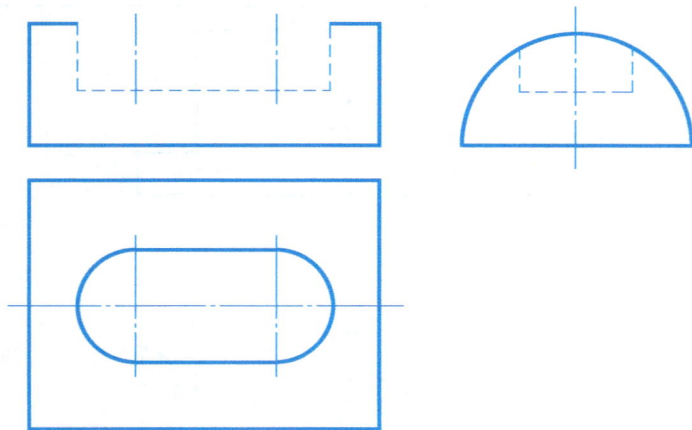

4. 从立体图中按 1:1 的比例量取尺寸，绘制下列几何体的三视图。($D_1$ 与 $D_2$ 贯通，$D_2$ 轴线到底面的距离可从图中自行量取)

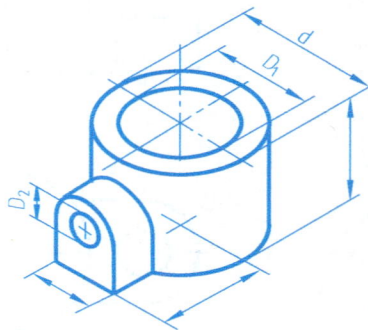

3.5 根据给定的图形想象立体形状，并补画三视图中的漏线。

1.

2.

3.

4.

3.5 （续）

5.

6.

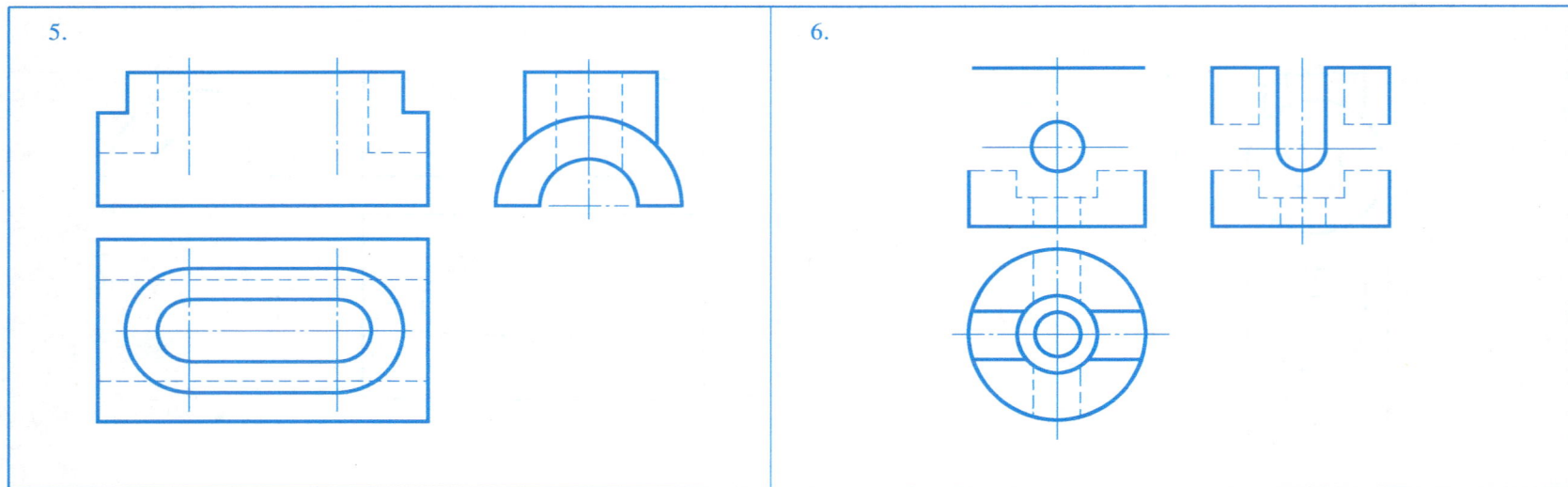

3.6 补画下面几组视图中的漏线。

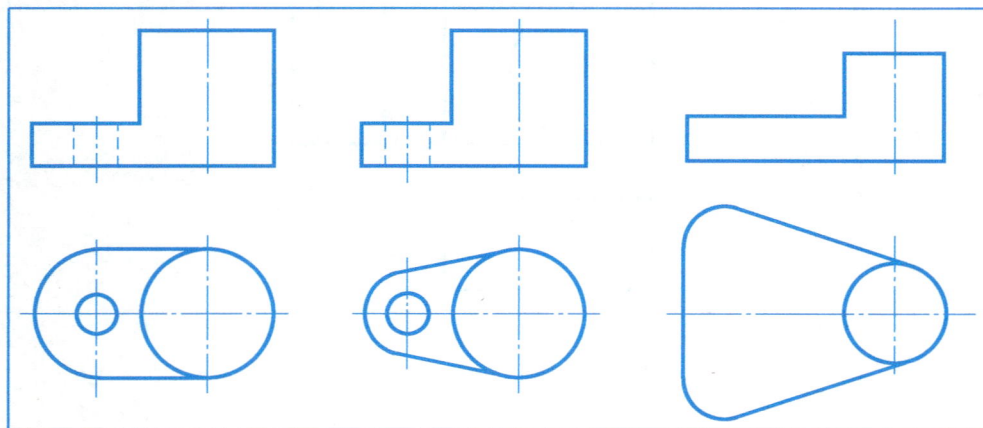

3.7 参照立体图，补画三视图中的漏线。

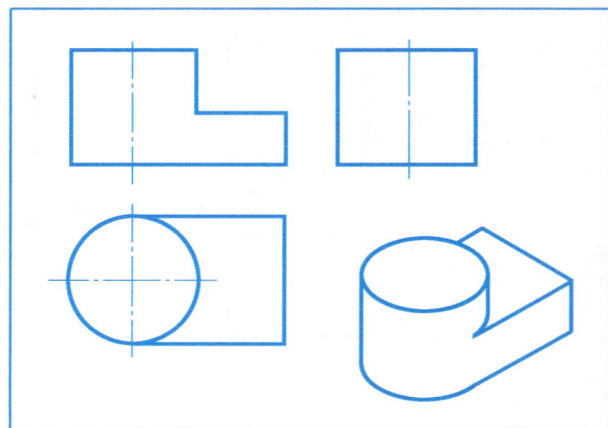

# 单元五　轴　测　图

# 课题一　轴测投影的基本知识

**基本体轴测图的画法。**

根据形体某一表面（上面、前面、左面）的轴测图，按给定的另一轴向尺寸徒手完成正等轴测图。

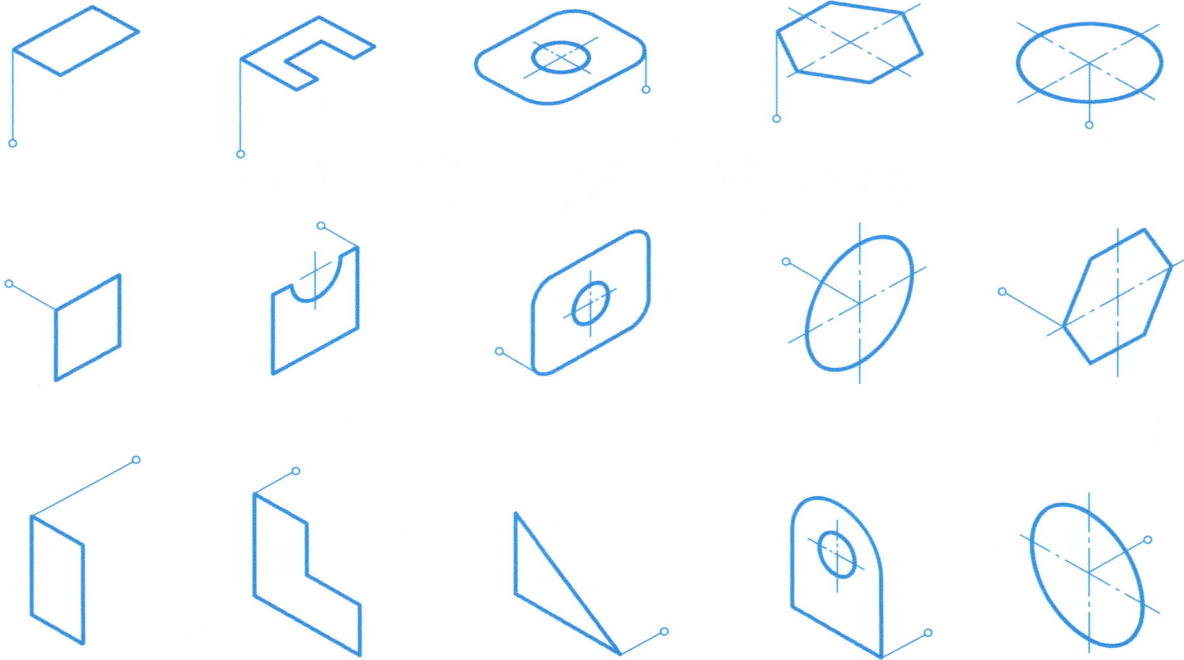

# 课题二　绘制正等轴测图

2.1　由给定的视图画正等轴测图（尺寸直接从图中量取）。

**2.2 绘制切割体的正等轴测图**（尺寸直接从图中量取）。

1.

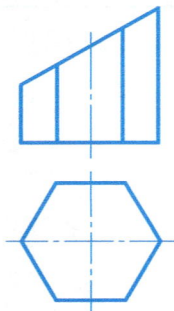

2.

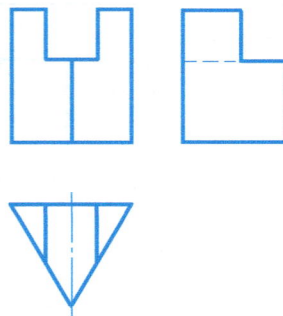

3.

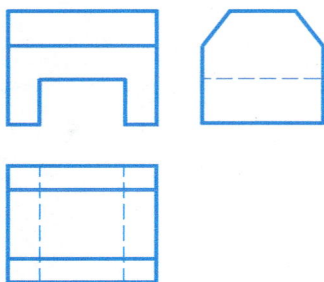

4.

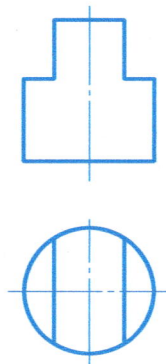

2.3 绘制叠加体的正等轴测图（尺寸直接从图中量取）。

1.

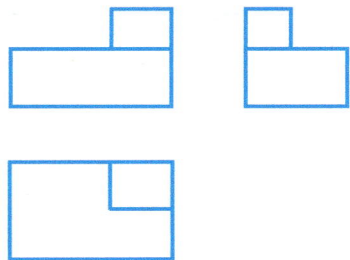

2.

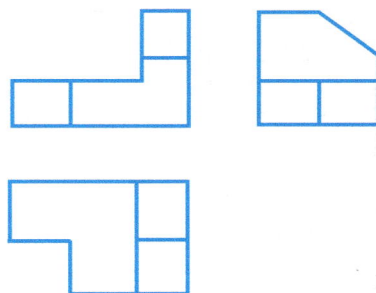

3.

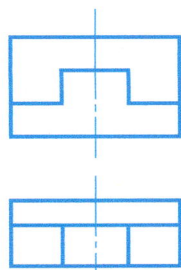

4.

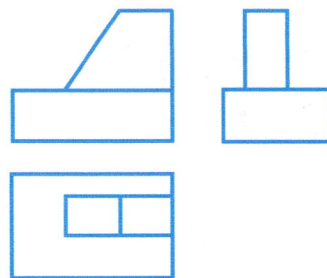

## 课题三　绘制斜二轴测图

**由给定的视图画斜二轴测图（尺寸直接从图中量取）。**

| 1. 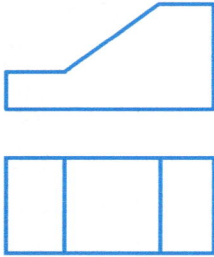 | 2. 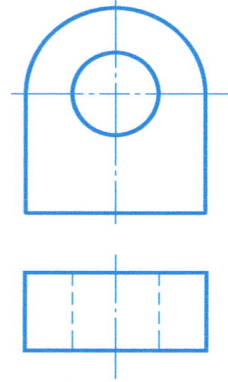 |
|---|---|
| 3. 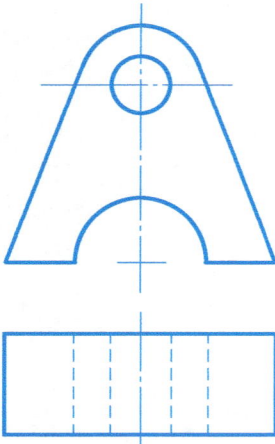 | 4. 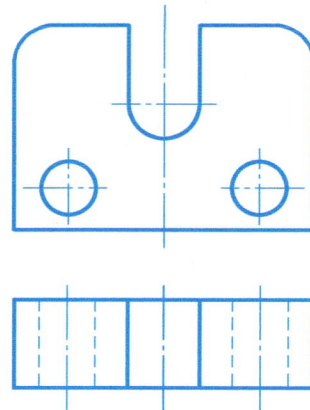 |

# 课题四　绘制轴测草图

## 4.1　绘制轴测草图。

1. 根据形体前表面的实形，按给定的宽度方向（45°，−45°）和尺寸徒手完成斜二等轴测图。

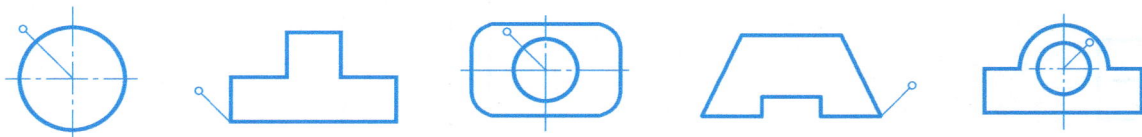

2. 完成下列圆台的正等轴测图。

## 4.2 根据给定的视图，绘制合适的轴测草图。

| 1. 四棱柱切角 | 2. 多边形棱柱 |
|---|---|
| 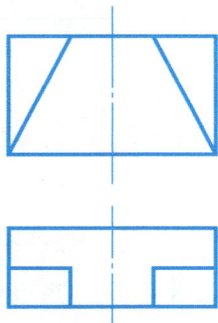 | 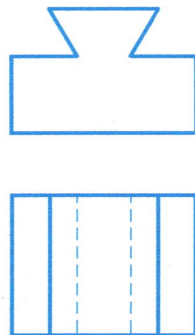 |
| 3. 半圆柱 | 4. 长方体挖半圆柱孔 |
| 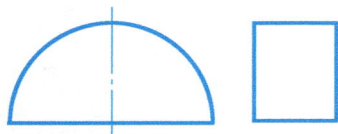 | 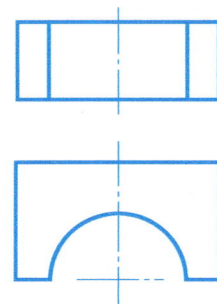 |

## 4.2 （续）

5.

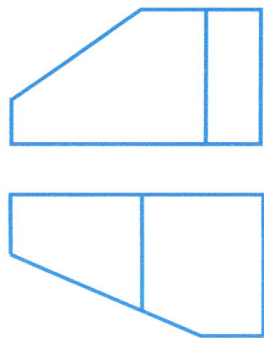

6.

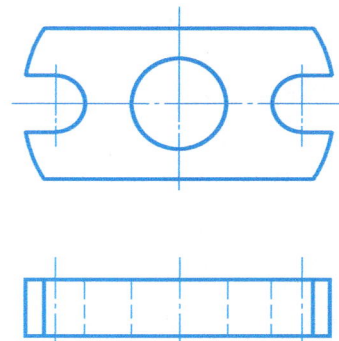

7.

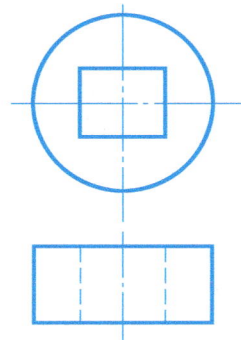

8.

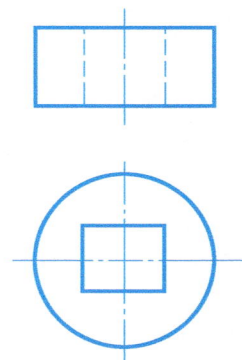

# 单元六　组　合　体

# 课题一  绘制组合体的三视图

根据立体图标注的尺寸，按 1：1 的比例绘制几何体的三视图。

1.

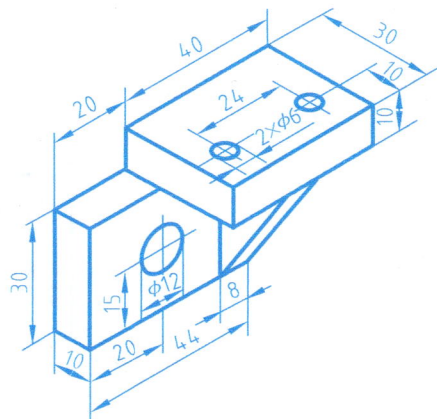

2.

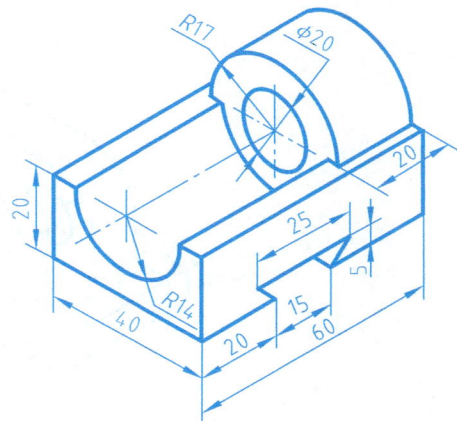

3.

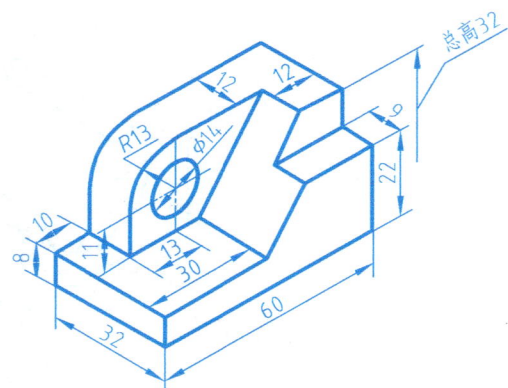

4.

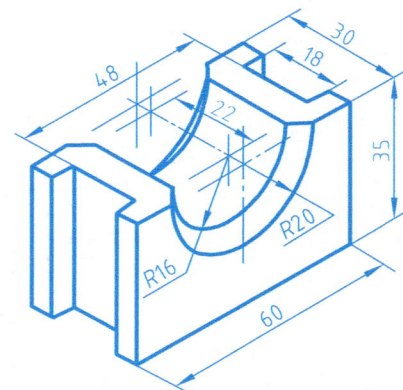

## 课题二　标注组合体的尺寸

2.1　在已给的组合体视图上标注尺寸，数值从图中量取（取整数）。

1.
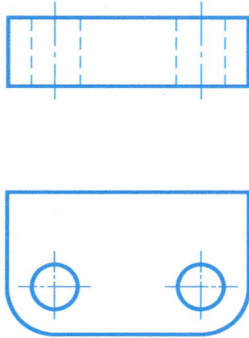

2.
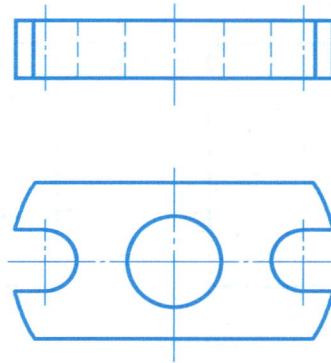

3.
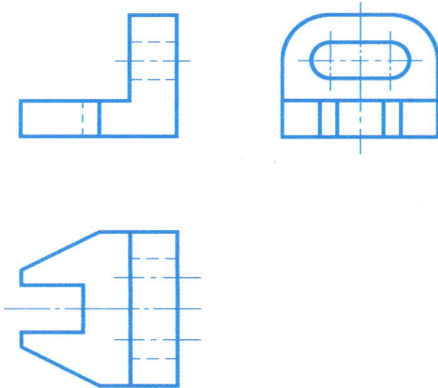

4.
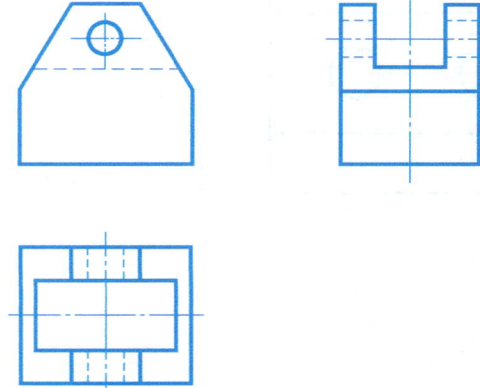

## 2.2 看懂三视图，补全视图中遗漏的尺寸，尺寸从图中量取。

1.
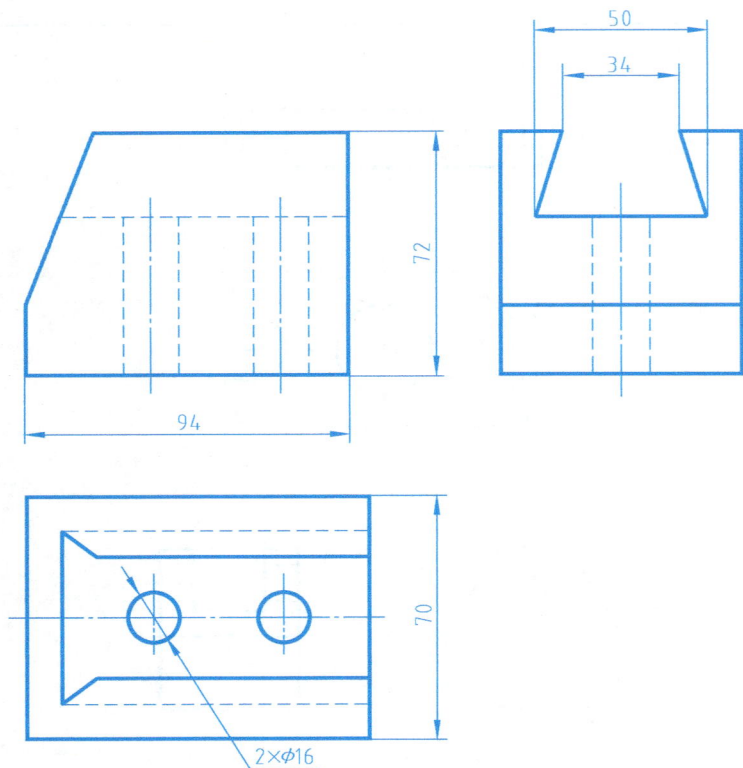

2.
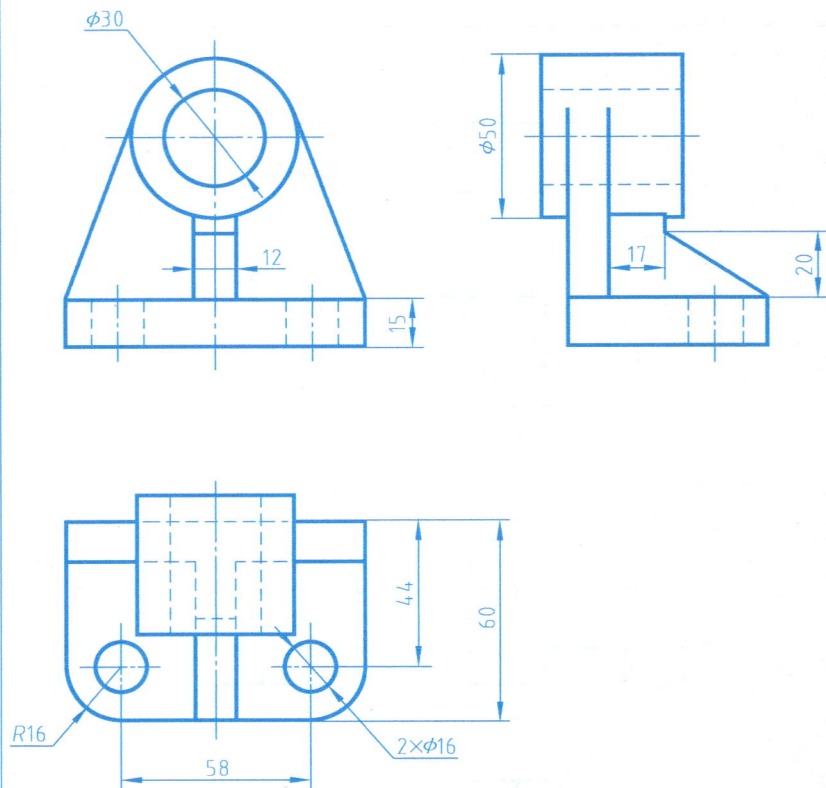

# 课题三 读组合体的三视图

根据两面视图，补画第三视图。

1.

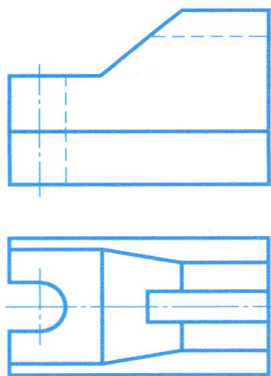

2.

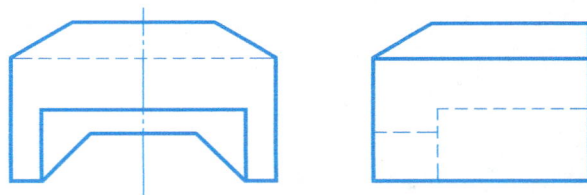

3.

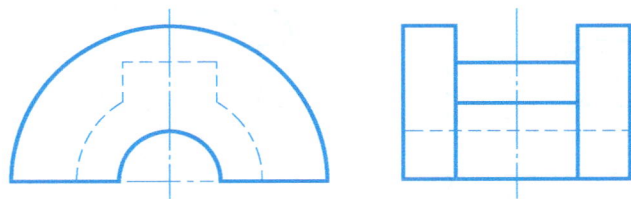

4.

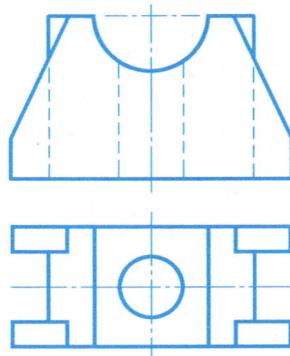

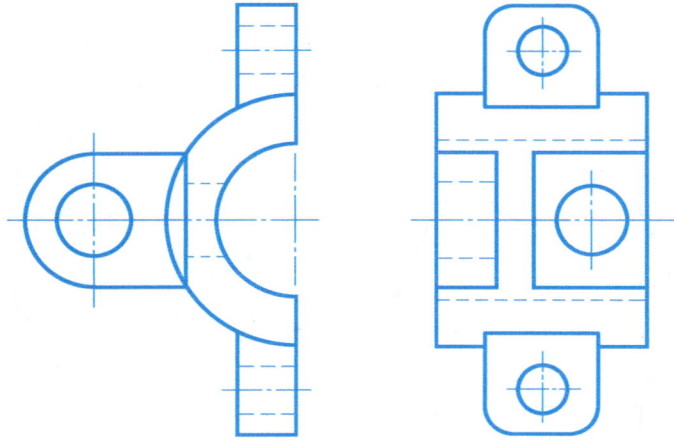

5.

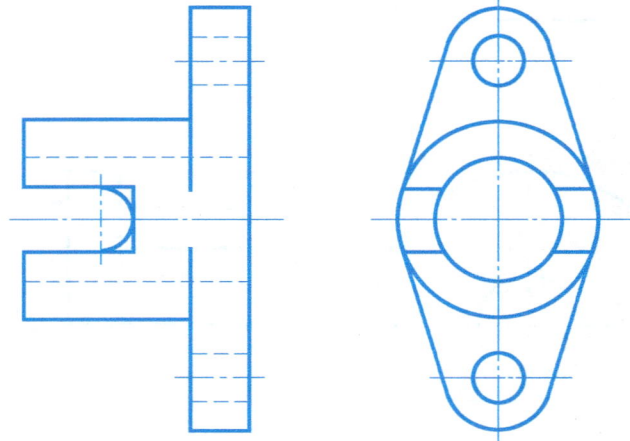

6.

# 课题四  组合体模型测绘

徒手绘制组合体模型的三视图，并标注尺寸，作图比例自定。

1.

2.

# 单元七　图样的基本表示法

# 课题一　绘制机件的视图

## 1.1　基本视图和向视图。

### 1. 已知主、俯、左视图，补画右、仰、后视图。

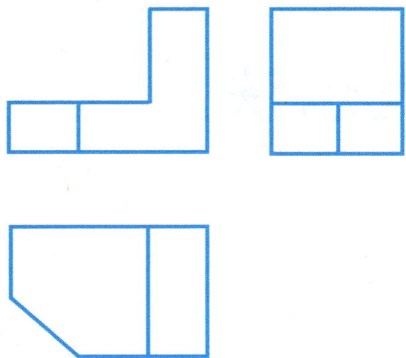

### 2. 找出右、后、仰视图，按规定标注。

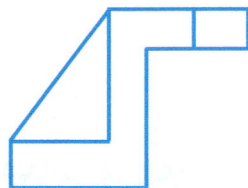

主视图

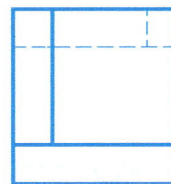

＿＿视图

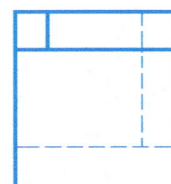

＿＿视图

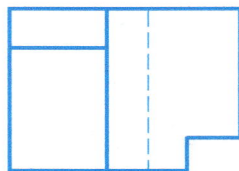

＿＿视图

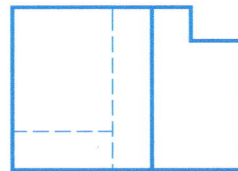

＿＿视图

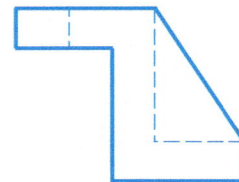

＿＿视图

## 1.2  基本视图。

根据主、俯、左三视图，补画右、后、仰三视图。

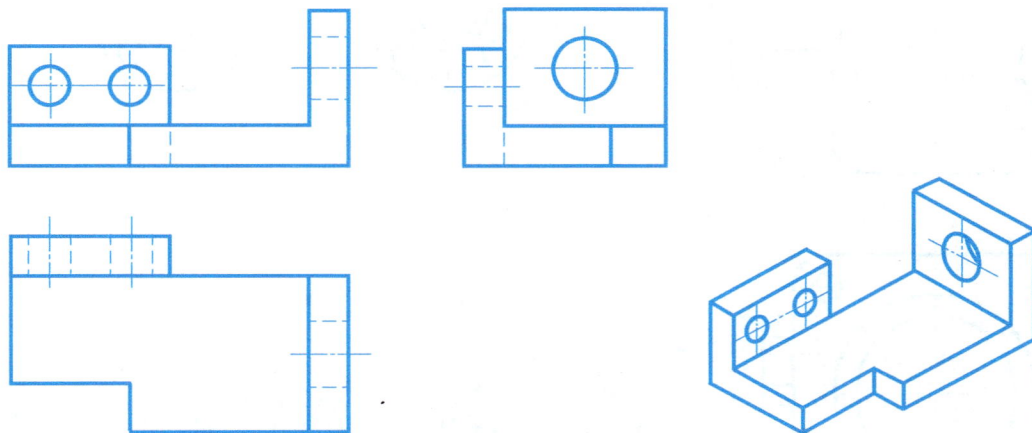

1.3　在正确的局部视图括号内画"✓"。

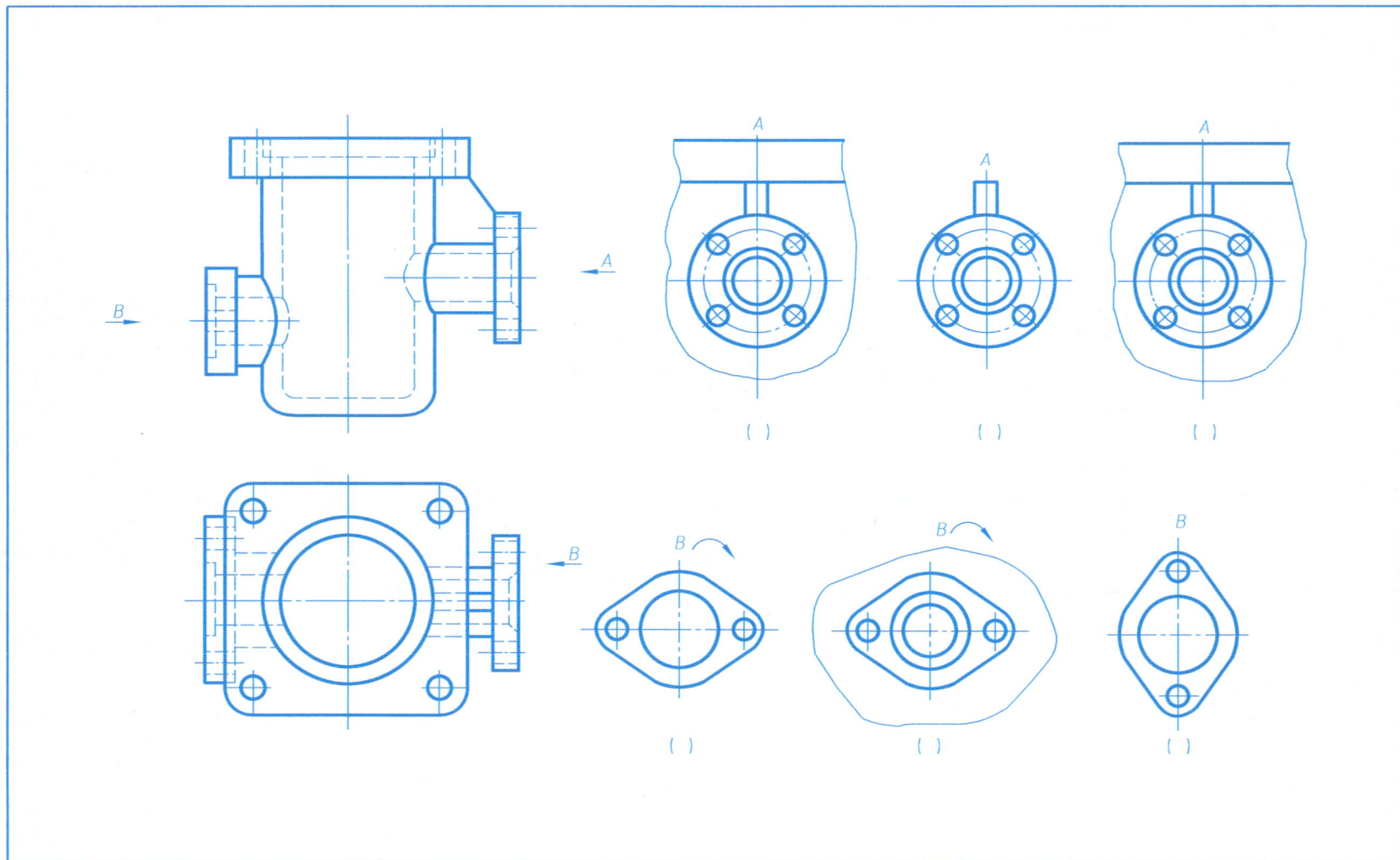

( )　　　　　　( )　　　　　　( )

( )　　　　　　( )　　　　　　( )

1.4 根据主、俯视图，参照轴测图，将左、右视图绘制成局部视图

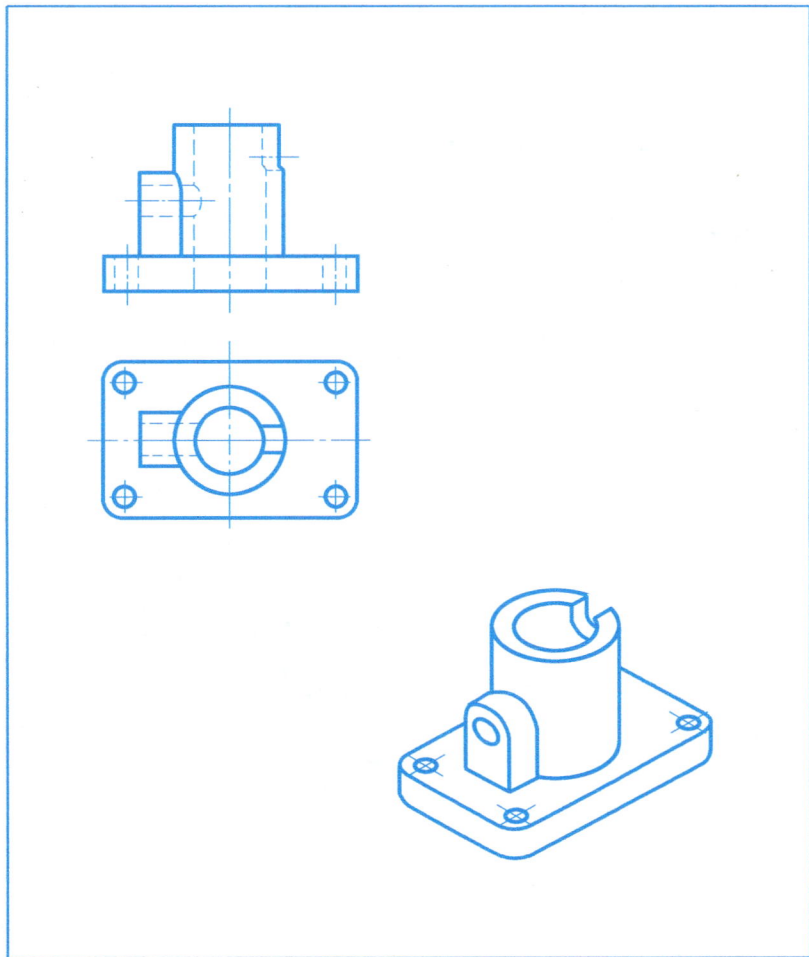

1.5 根据主视图和轴测图，将俯视图和左视图绘制成局部视图（宽度方向的尺寸可从轴测图中按 2：1 的比例量取）。

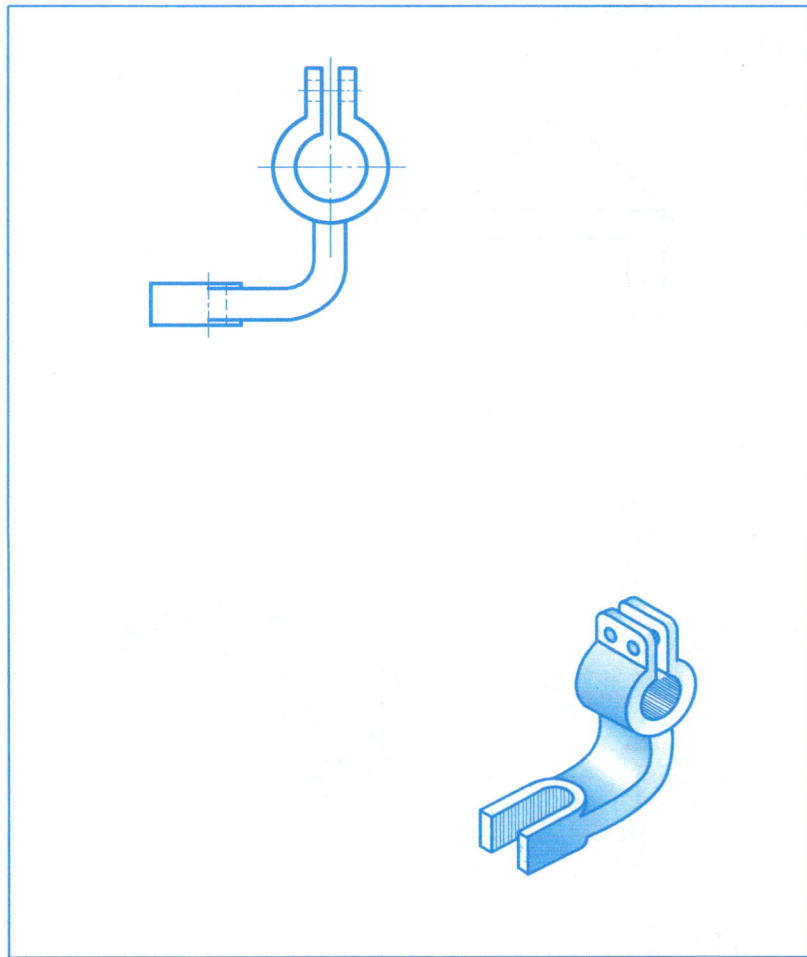

## 1.6 局部视图和斜视图综合练习。

1. 根据主视图和轴测图，补画局部视图（俯、左）和斜视图，将机件形状表达清楚（宽度方向的尺寸可从轴测图中按 2：1 的比例量取）。

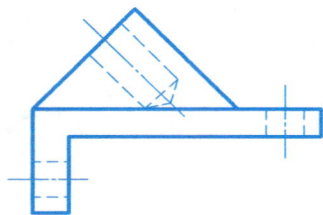

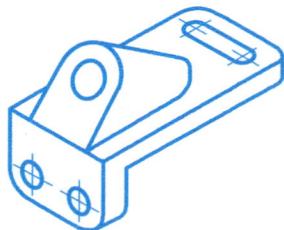

2. 根据主视图和轴测图，补画局部视图（俯）和斜视图，将机件形状表达清楚（宽度方向的尺寸可从轴测图中按 2：1 的比例量取）。

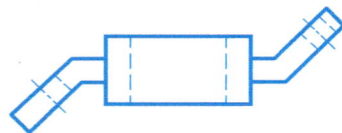

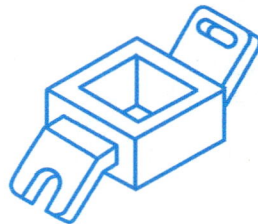

# 课题二　绘制剖视图

## 2.1　剖视图概念及画法练习。

| | |
|---|---|
| 1. 补画缺线。<br>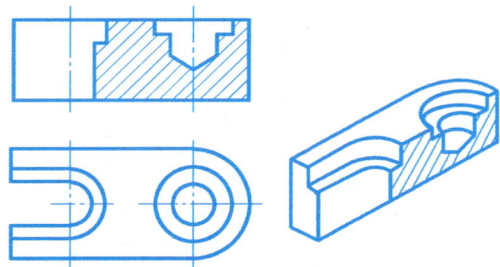 | 2. 补全剖视图中的漏线。<br>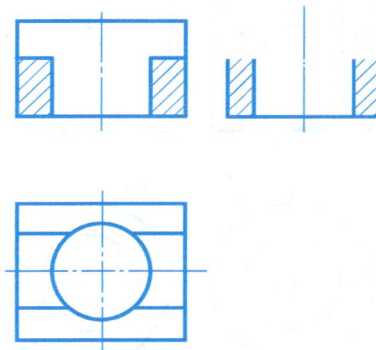 |
| 3. 补全剖视图中的漏线。<br>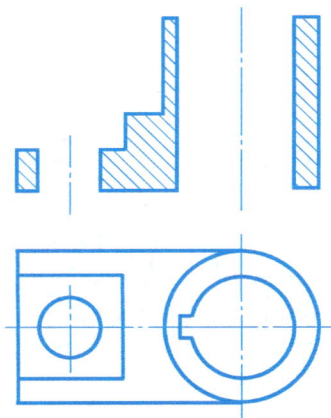 | 4. 补画剖面线。<br>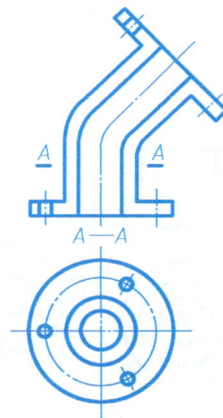<br>A—A |

2.1 （续）

---

5. 分析剖视图中的错误，在指定位置画出正确的剖视图。

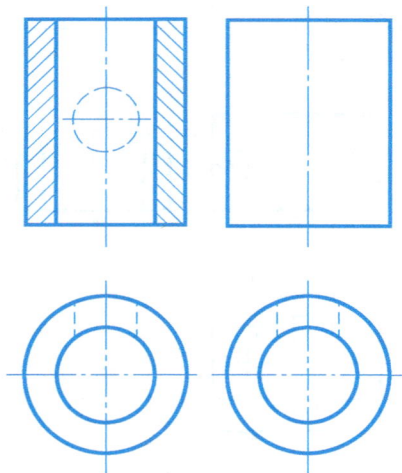

6. 分析剖视图中的错误，在指定位置画出正确的剖视图。

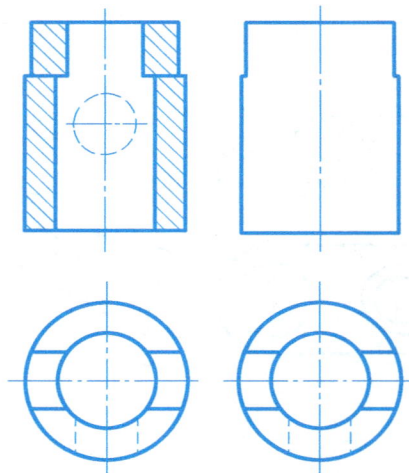

---

7. 补画缺线和剖切符号。

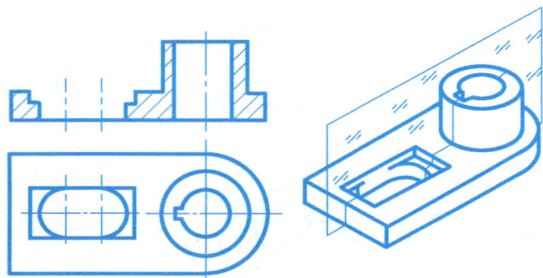

8. 补画缺线和剖切符号。

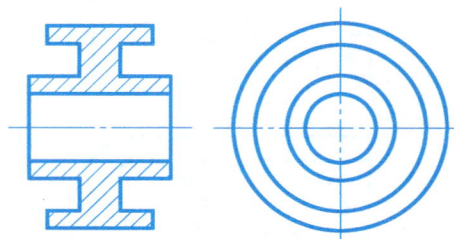

## 2.2 全剖视图——根据给定的图形按要求完成全剖视图。

1. 作 C—C 全剖视图。

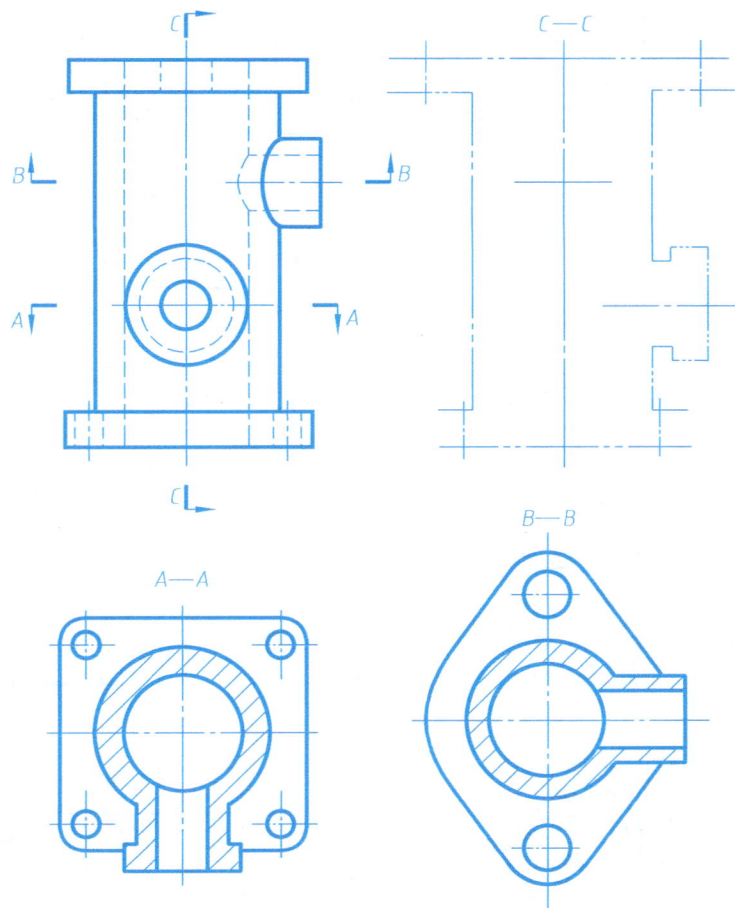

2. 在指定位置画出全剖的主、左视图。

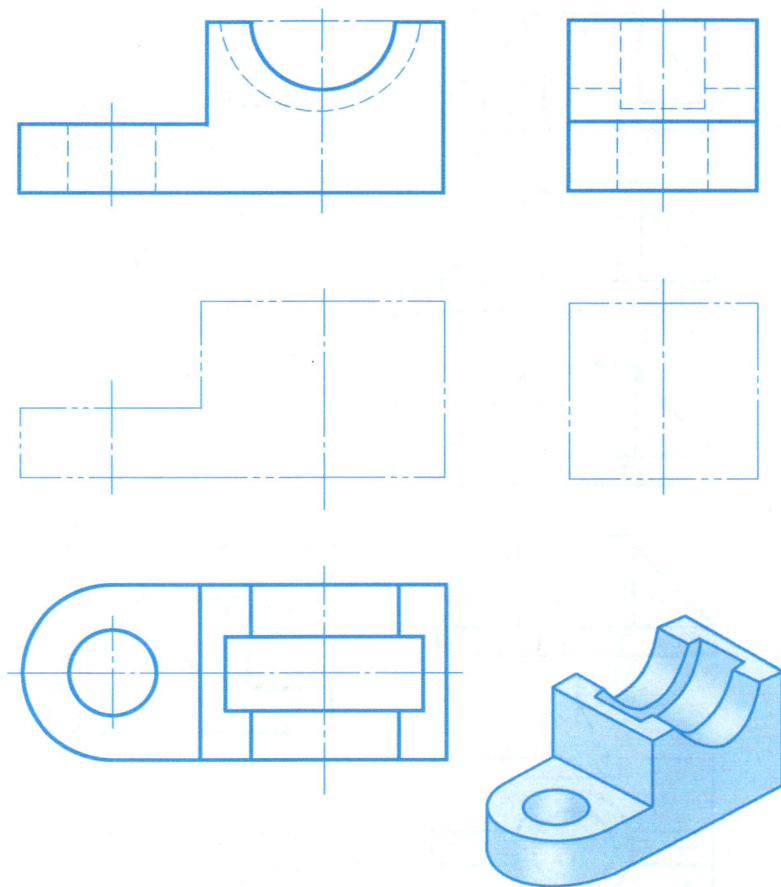

## 2.3 半剖视图练习。

选出正确的主视图，在括号内画"√"。

**1.**

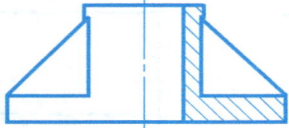
( )

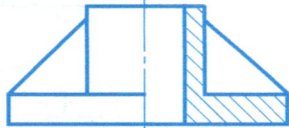
( )

( )

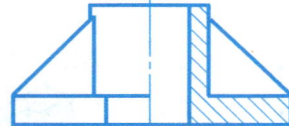
( )

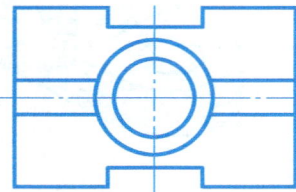

**2.**

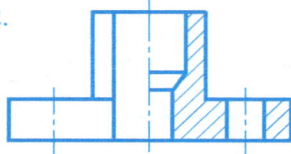
( )

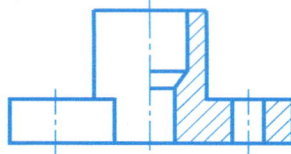
( )

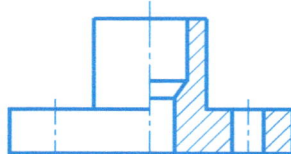
( )

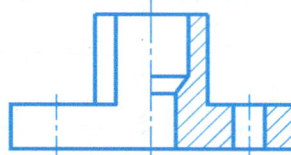
( )

**3.**

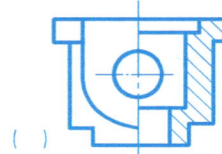
( )

( )

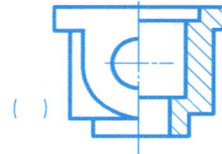
( )

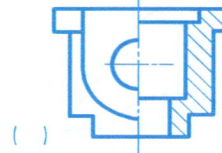
( )

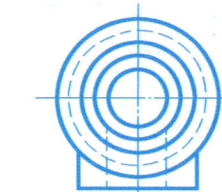

**4.**

( )

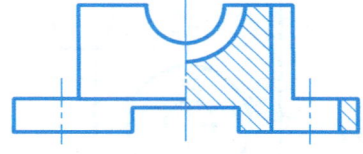
( )

( )

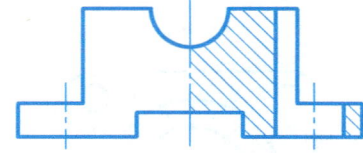
( )

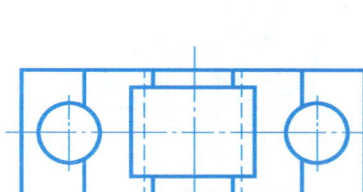

2.3 （续）

5. 补全主视图中的漏线。

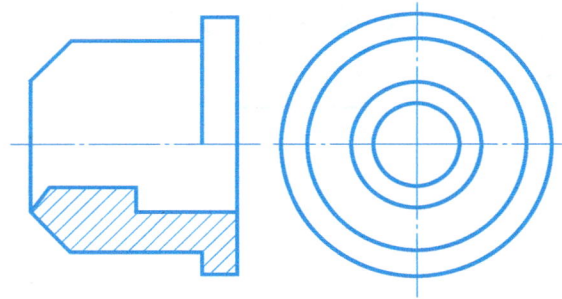

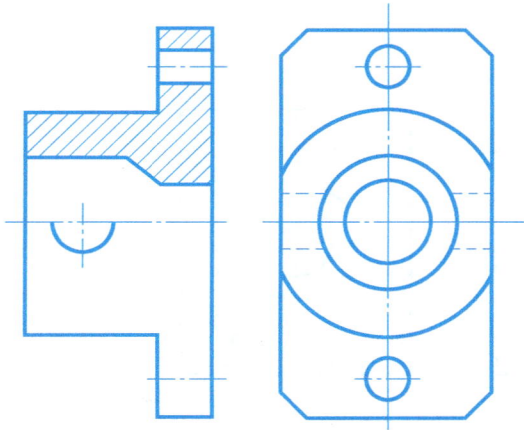

6. 将主视图改画成半剖视图，并将左视图画成全剖视图。

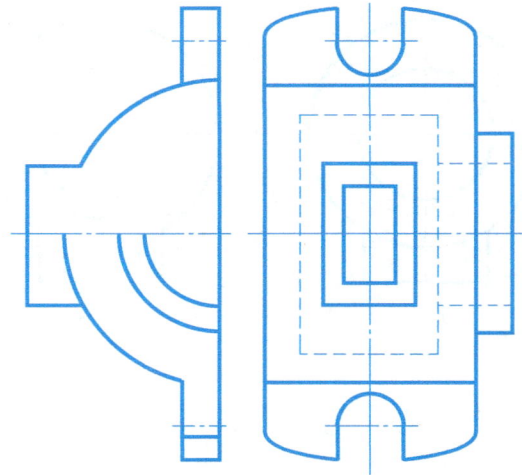

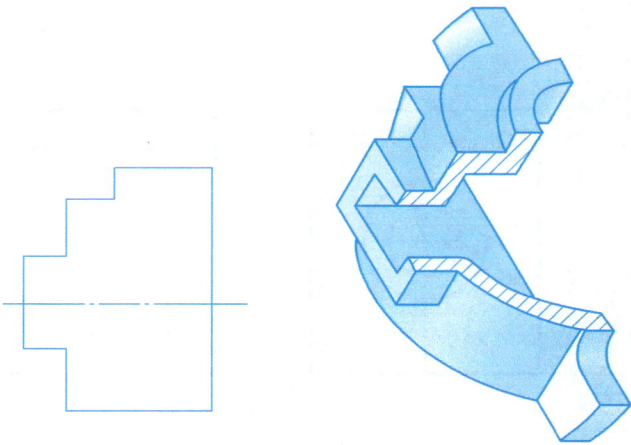

79

## 2.4 局部剖视图练习。

1. 读懂 A 图给出的主、俯视图后，判断 B、C、D 的表达是否正确，正确的画（✓），错误的画（×），并注出图中的错误之处。

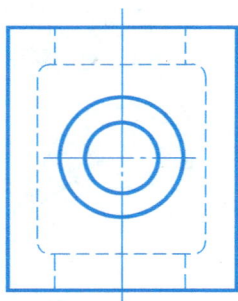
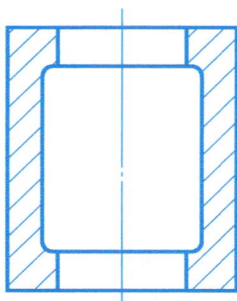
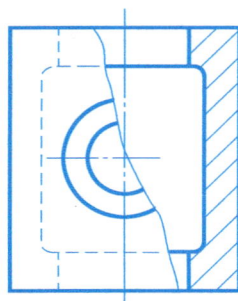
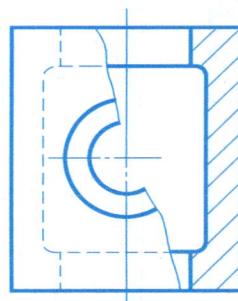

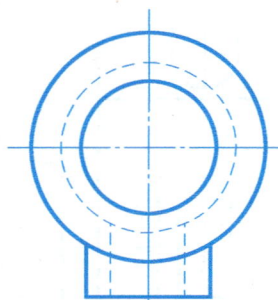
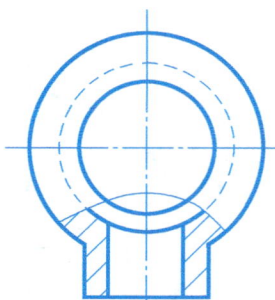
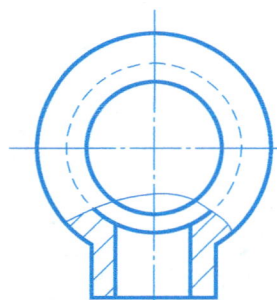
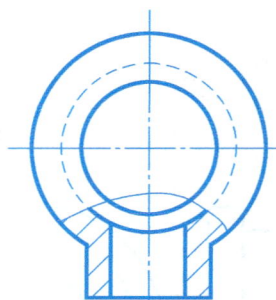

A(　)　　　　B(　)　　　　C(　)　　　　D(　)

2. 读懂视图，分析剖视图中的错误之处，在右边作出正确的剖视图。

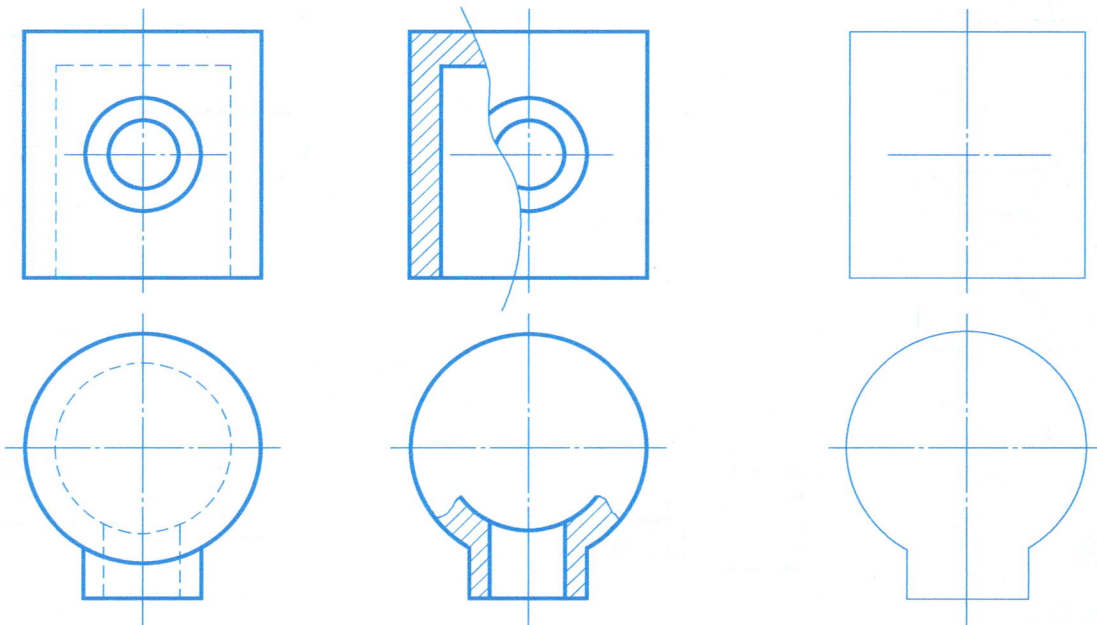

## 2.4 （续）

3. 用单一剖切平面剖开机件，作局部剖视图。

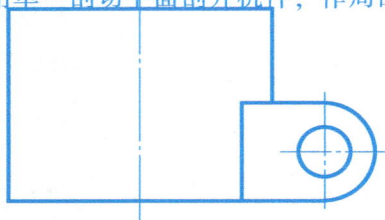

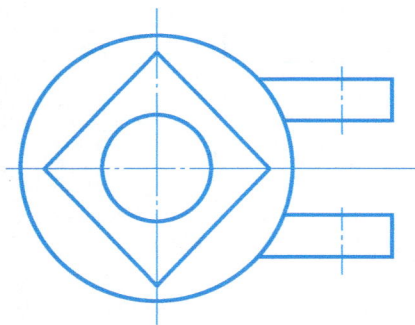

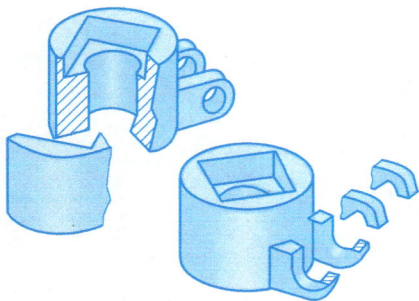

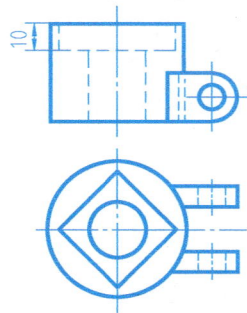

4. 将主视图改画成局部剖视图。

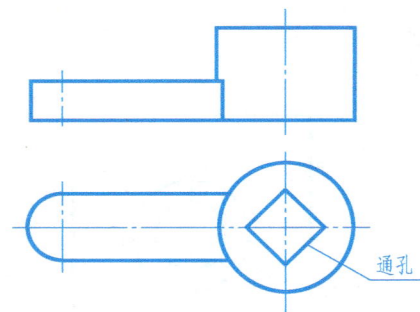

通孔

5. 将主视图和俯视图改画成局部剖视图。

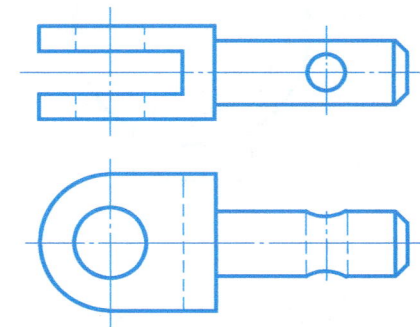

10

# 课题三　剖视图的各种剖切平面

3.1　全剖视图——用单一剖切平面将主视图改画成全剖视图。

3. 1 （续）

5.

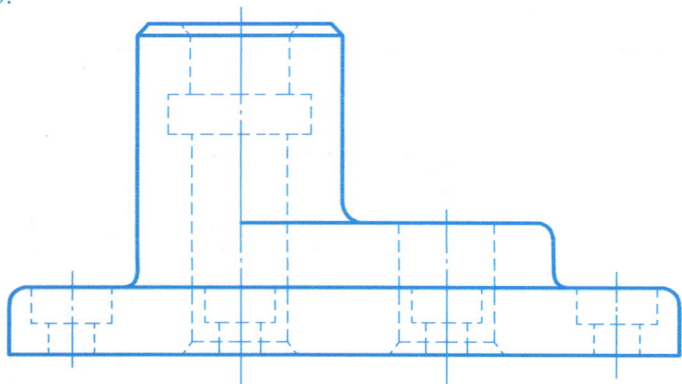
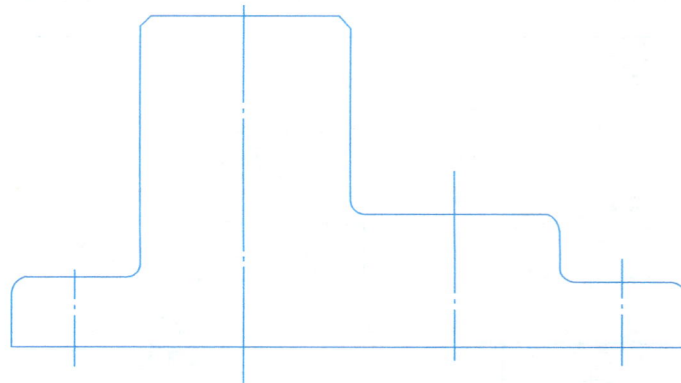
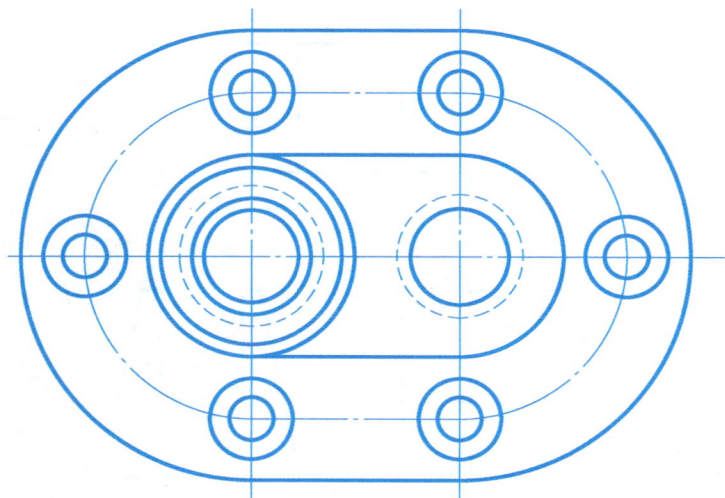

3.1 （续）

6.

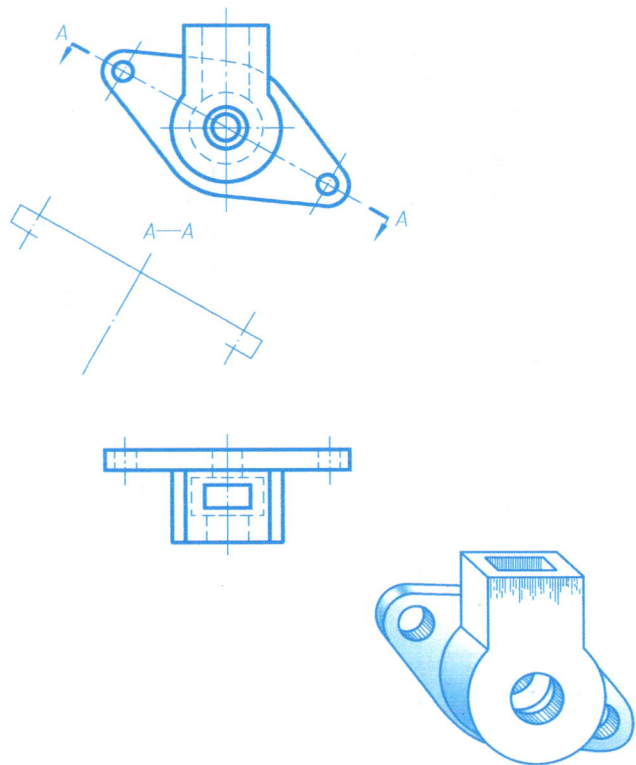

7.

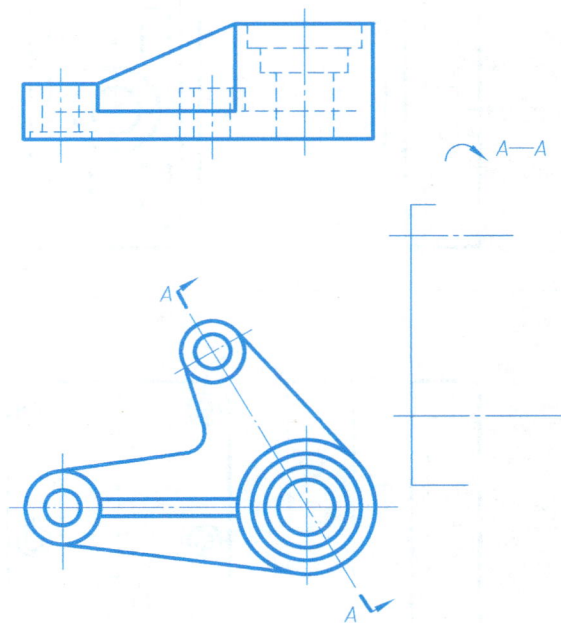

3. 2　全剖视图——用几个平行的剖切平面将主视图改画成全剖视图。

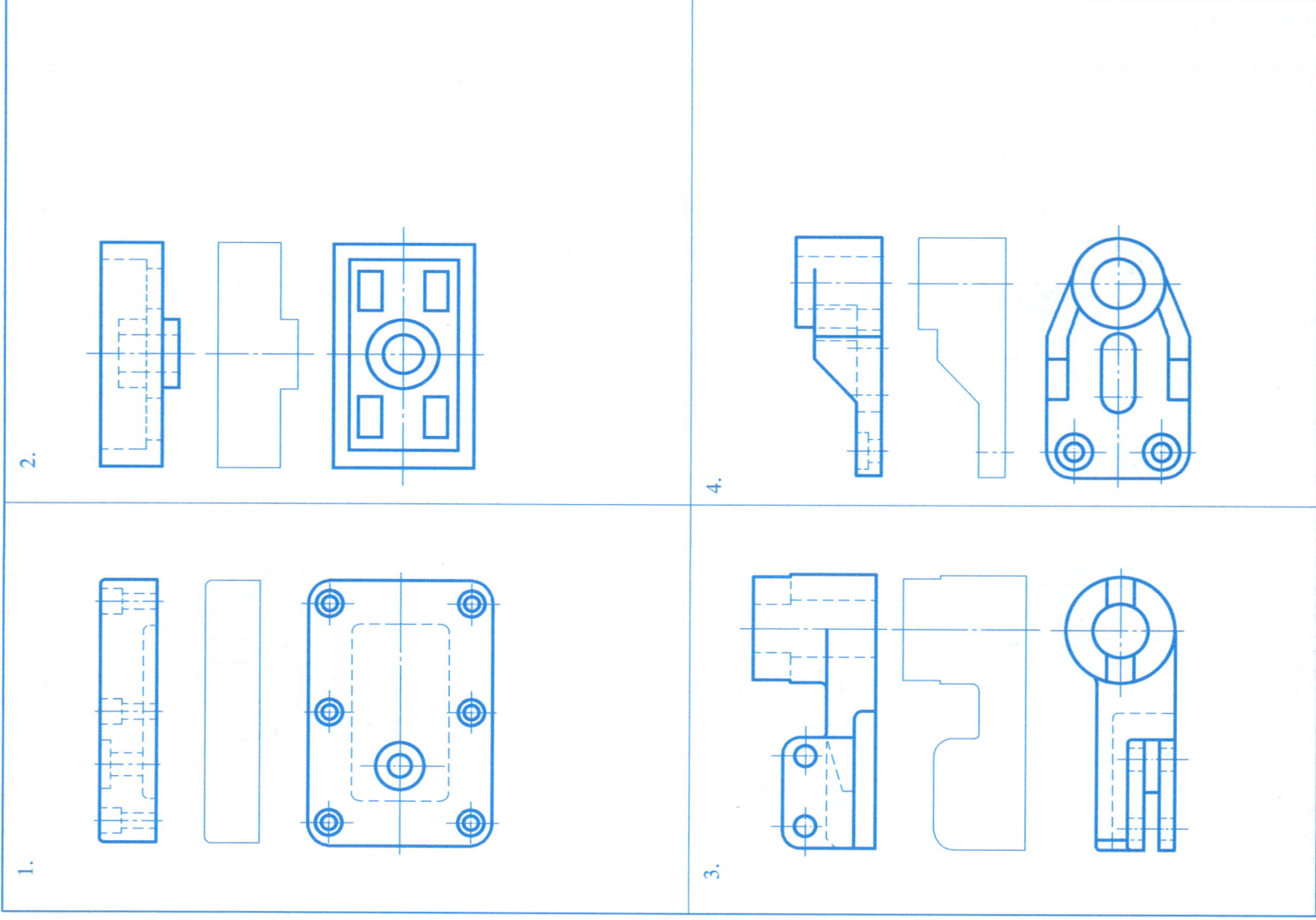

1.

2.

3.

4.

## 3.3 全剖视图——用相交的剖切平面将主视图改画成全剖视图。

1.

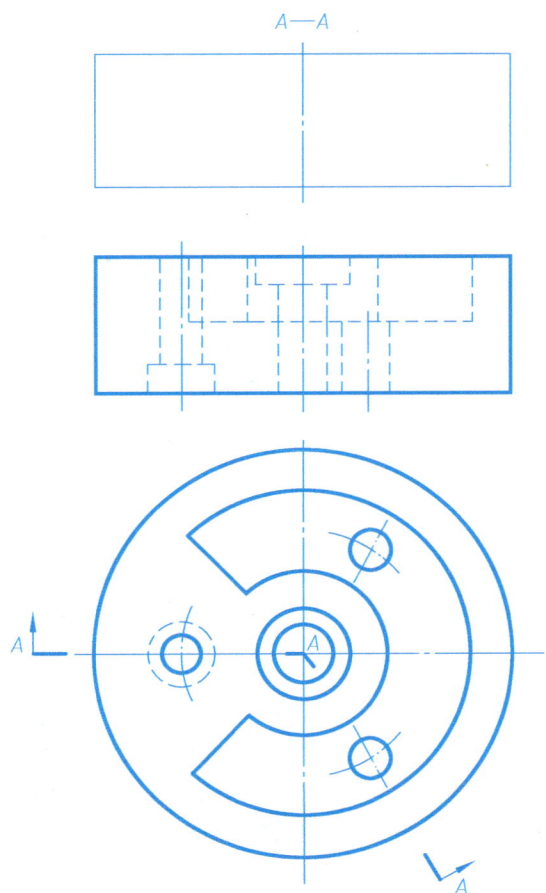

2.

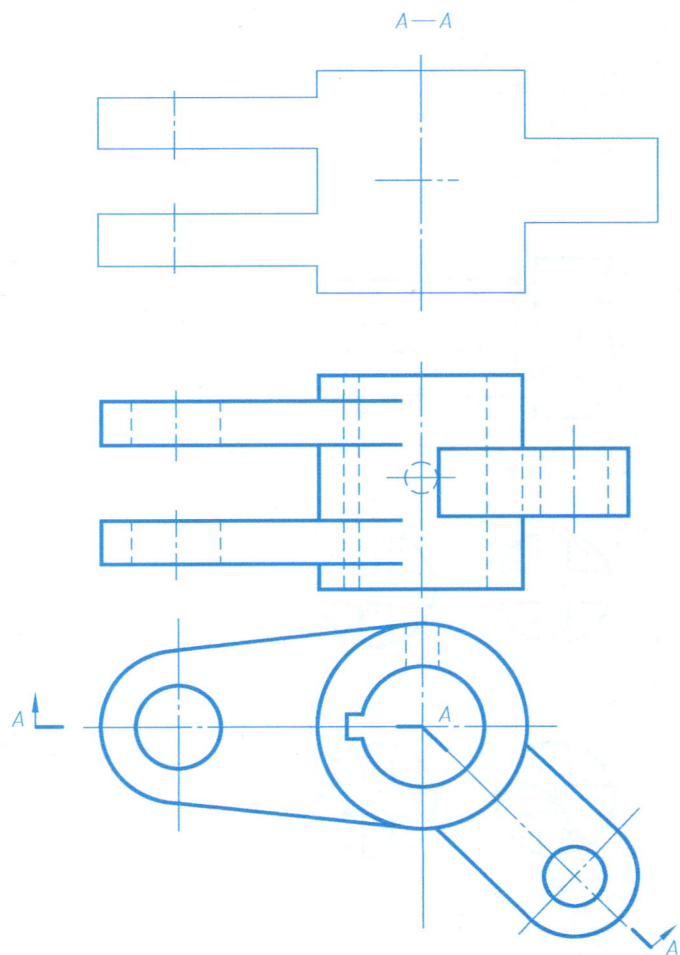

# 课题四 绘制断面图

## 4.1 断面图练习。

1. 在视图下方的各断面图中选出正确的断面，并在选定的断面图上方标注相应的断面图名称（A—A、B—B、C—C）。

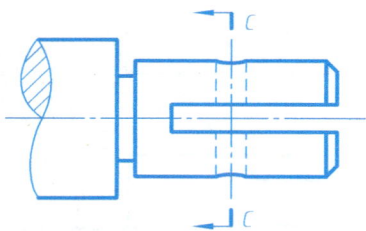

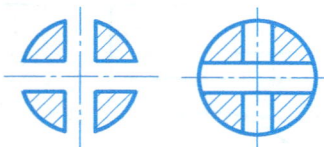

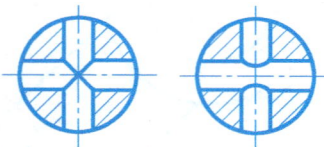

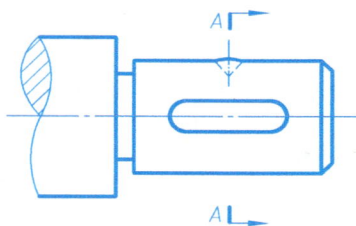

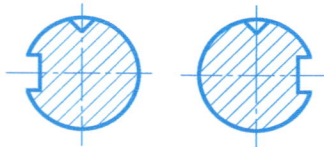

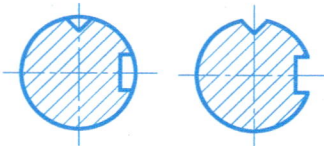

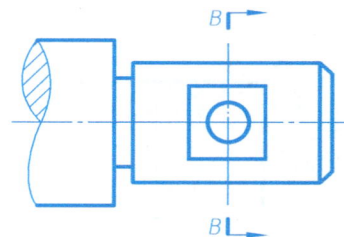

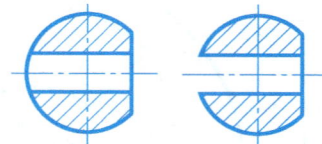

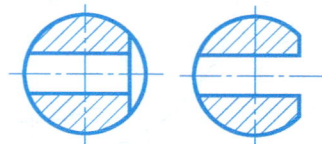

4.1 （续）

| 2. 选出正确的断面图，在括号内画✓。 | 3. 分析断面图中的错误，在下方重新绘制。 |
|---|---|

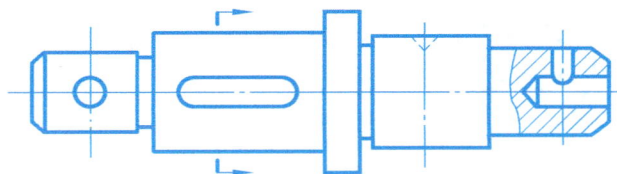

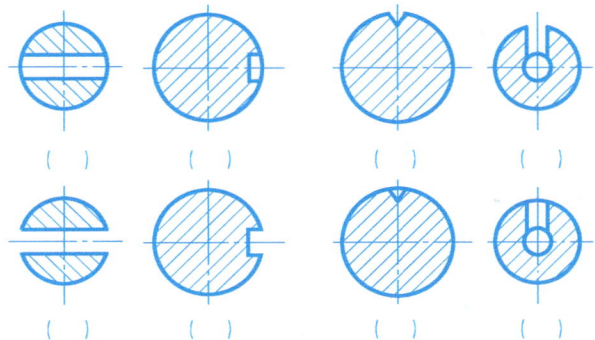

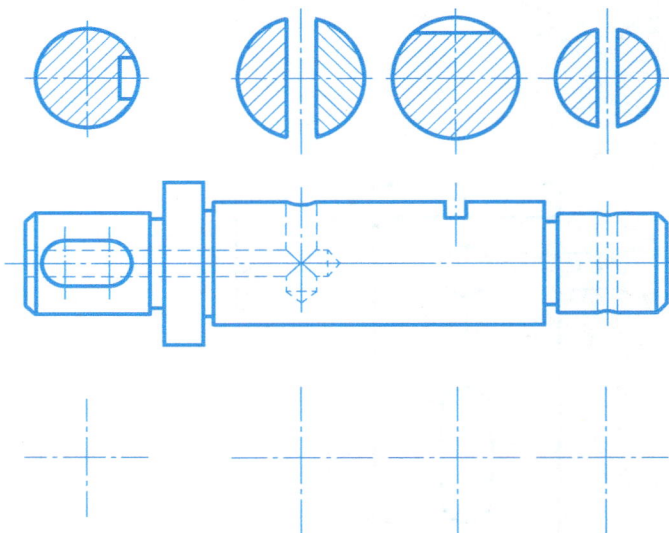

4. 已知键槽槽深均为 4mm，根据标注完成指定位置的断面图。

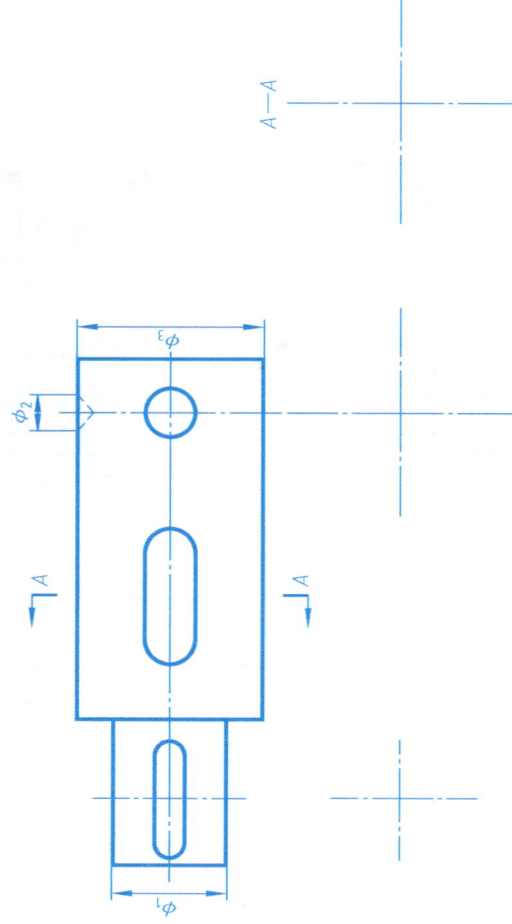

$\phi_3$

$\phi_2$

$\phi_1$

$A$

$A$

$A—A$

5. 根据所给视图，画出指定位置的移出断面图。

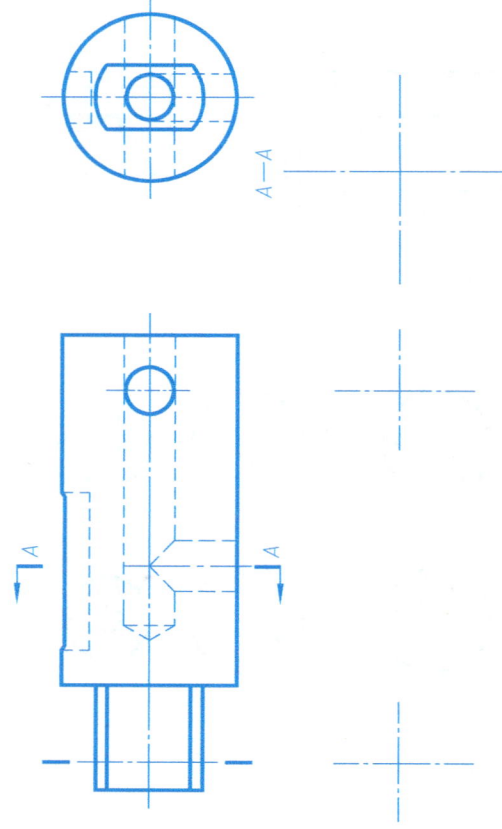

$A—A$

$A$

$A$

4.1 （续）

6. 完成剖切符号的绘制，在指定位置画出移出断面图（左侧键槽深为 4mm，右侧键槽深为 3.5mm），必要时标注名称。

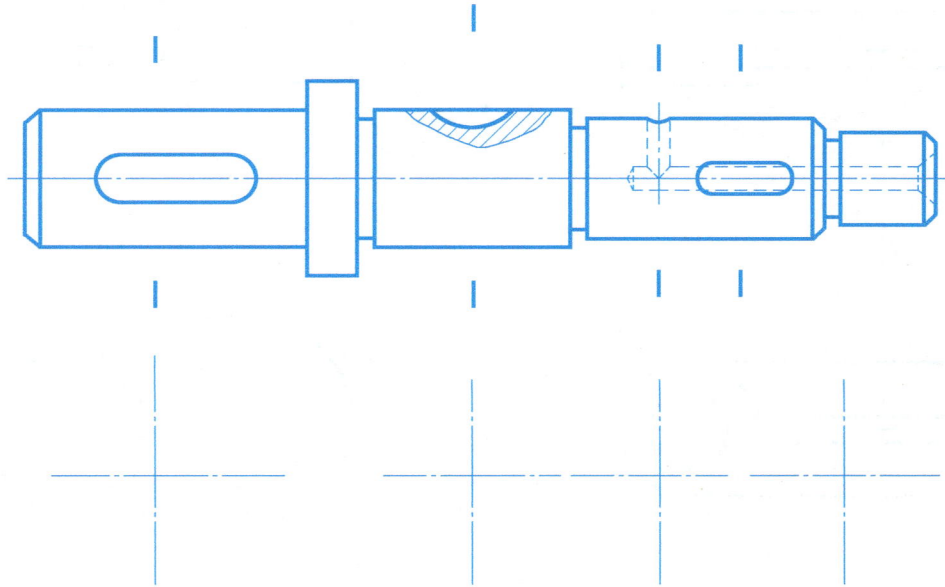

## 4.2 按指定的剖切位置，绘制移出断面图。

1.

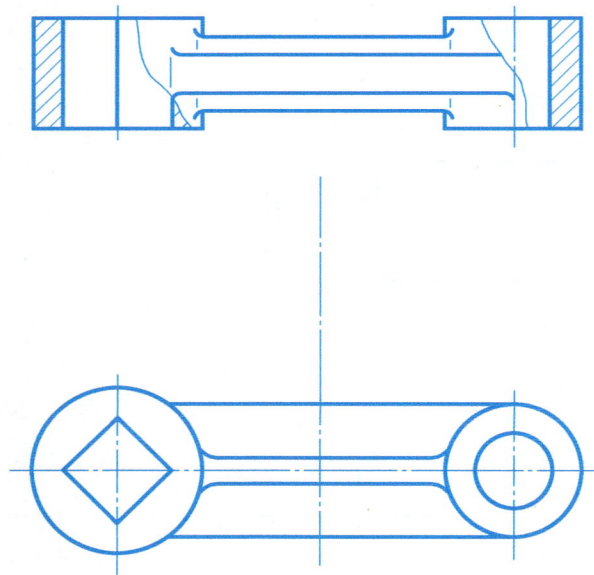

2.

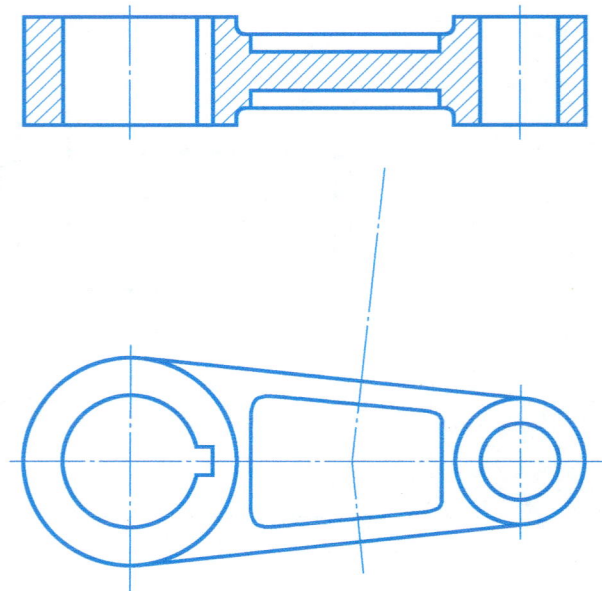

4.3 在主视图上画出十字肋的重合断面图。

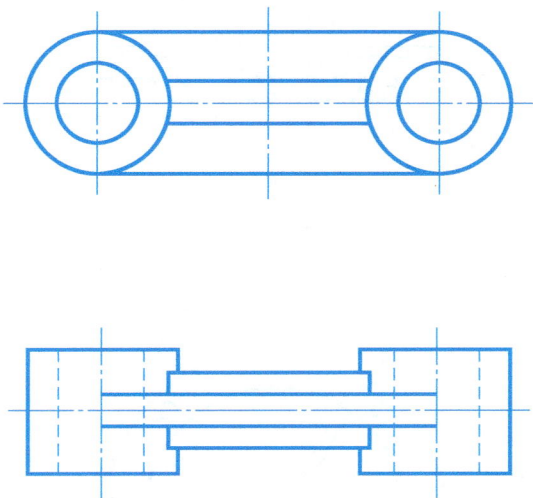

4.4 在主视图上画出重合断面图。

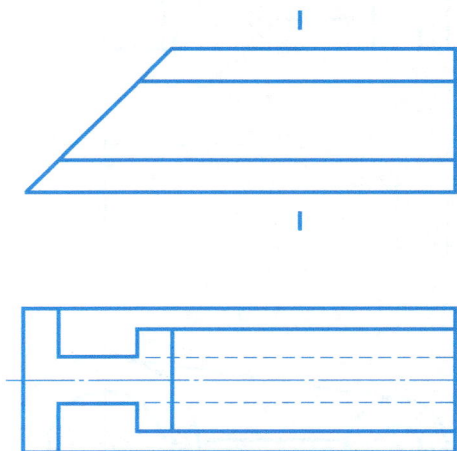

# 课题五　其他表达方法

## 5.1　在指定位置画出正确的剖视图。

**1.**

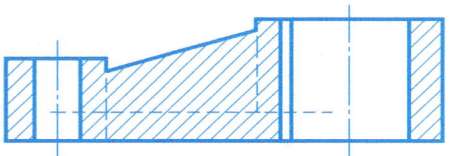

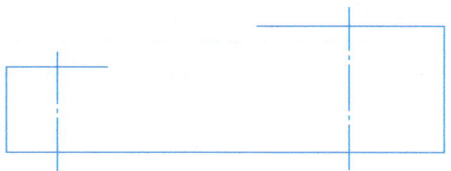

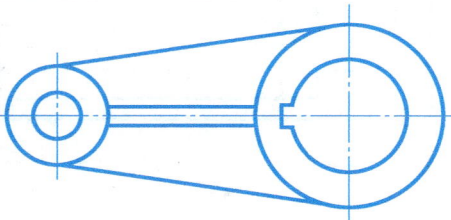

**2.**

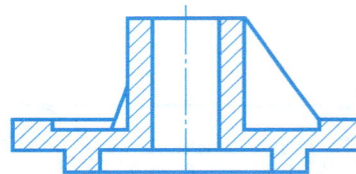

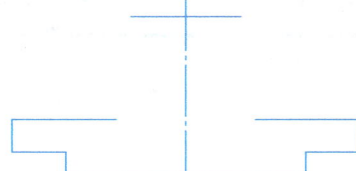

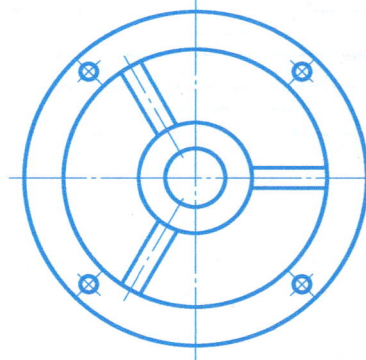

## 5.2 综合练习（一）。

1. 用于表达机件外形的视图包括_____、_____、_____、_____四种。

2. 向视图是_____的基本视图。

3. 对于机件倾斜结构的外形可用_____表达，在未被投射部分的断裂处一般用_____表示。

4. 机械图样中，获得剖视图的剖切面有_____、_____、_____三种。

5. 在剖视图中，根据剖切范围，分为_____、_____、_____三种。

6. 在剖视图中，剖切面与机件接触的部分称为_____，对于金属材料，同一机件所有的剖面线的_____和_____均应相同。

7. 移出断面图是画在视图轮廓线_____的断面图。重合断面图的轮廓线用_____实线画出。

8. 将机件的部分结构用大于原图形所采用的比例画出的图形，称为_____图。

9. 第一角画法是将被表达的机件放在_____与_____之间；第三角画法则是将投影面放在_____与_____之间。

10. 画出 *A—A* 剖视图，尺寸从图中量取，位置自定。

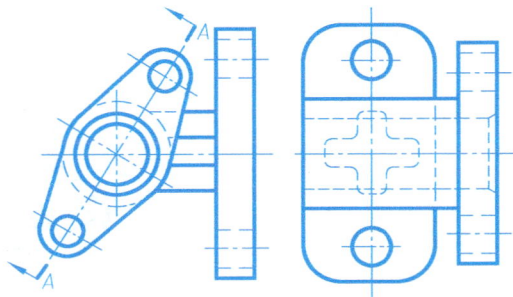

11. 读懂所绘图形，标出相应的标记和图名。

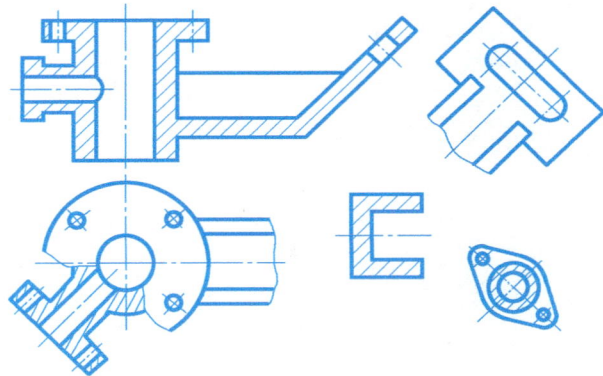

12. 作 *B—B* 半剖视图。

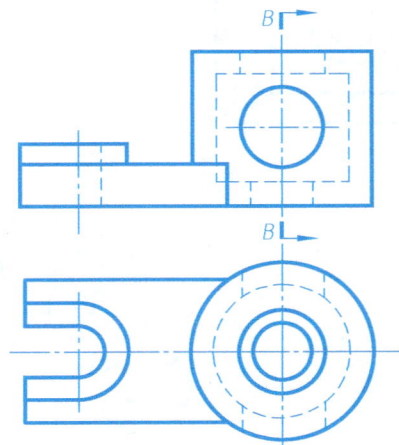

## 5.3 综合练习（二）——选用适当的表达方法绘制机件的视图（高度尺寸从立体图中量取，取整数，比例 1：1）。

1.

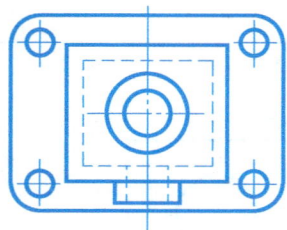

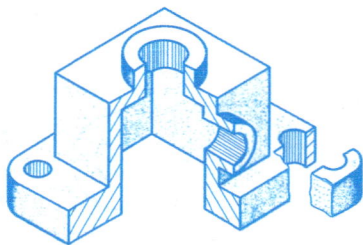

2.

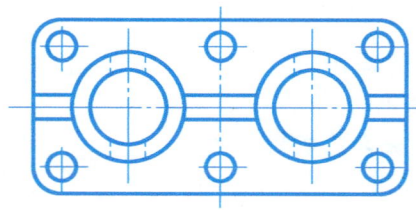

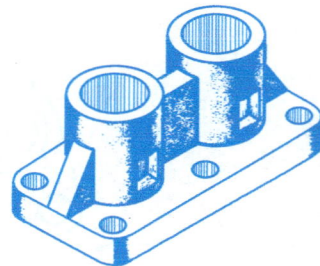

## 5.4　综合练习（三）——选用适当的方法绘制物体的视图。

绘图要求：

1. 根据立体图，选择适当的方法绘制物体的视图。

2. 根据立体图中的尺寸，选择适当的图幅和比例画图。

注意事项：

1. 看懂物体的结构形状，确定视图的数量和各视图的表达方法，注重在表达清晰、完整的基础上，使图形最简。

2. 剖视图应直接画出，而不应该画出视图后再改画成剖视图。

3. 要分清哪些剖切位置可以省略标注，哪些剖切位置必须标注。

还应注意局部剖视图中波浪线的画法。

4. 各剖视图中，剖面线的方向和间隔应保持一致。

备注：

立体图中看不见的圆孔均为通孔。

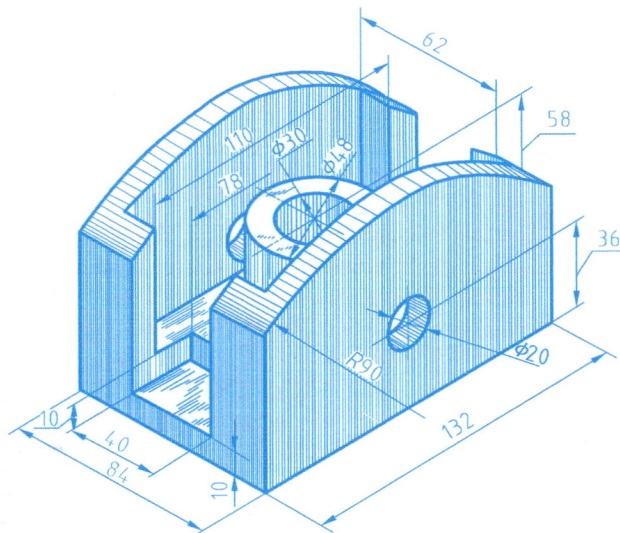

*5.5　第三角画法练习——根据轴测图，绘制机件的三视图（尺寸可从轴测图中量取，各孔均为通孔，比例 1：1）。

1.

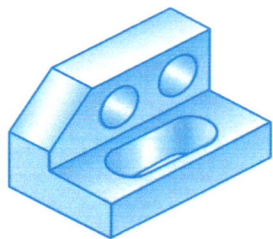

2.

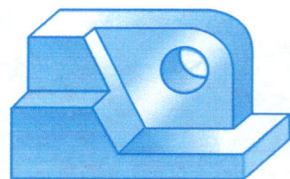

*5.6 　第三角画法练习——读懂三视图的结构形状并补画缺线。

1.

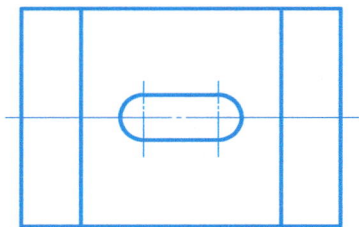

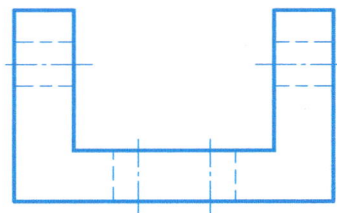

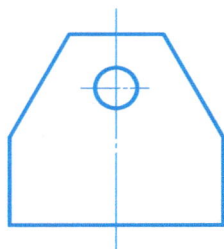

2.

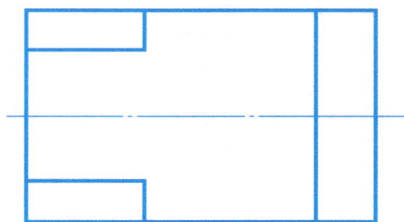

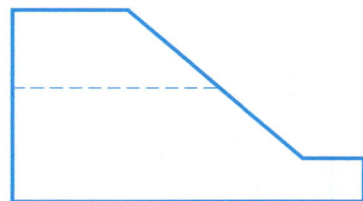

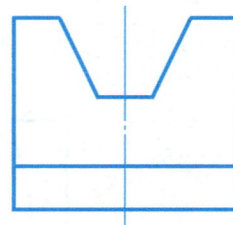

*5.7　第三角画法练习——根据两视图补画三视图。

1. 已知主、右视图，补画俯视图。

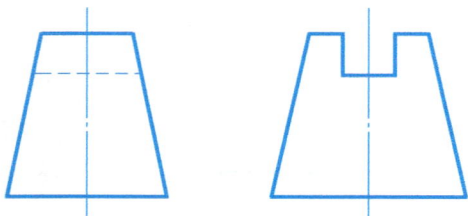

2. 已知主、仰视图，补画右视图。

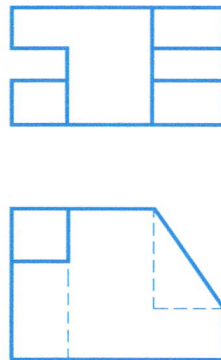

3. 已知俯、右视图，补画主视图。

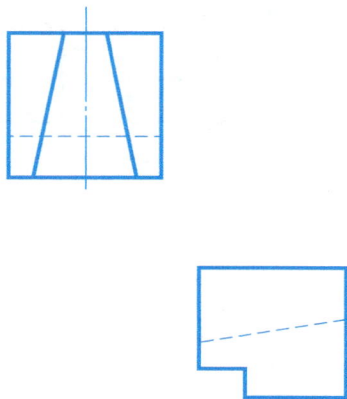

4. 已知主、右视图，补画俯视图。

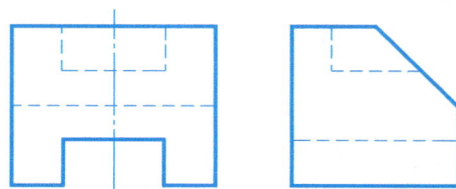

*5.8 第三角画法练习——补画剖视图中的漏线。

1.

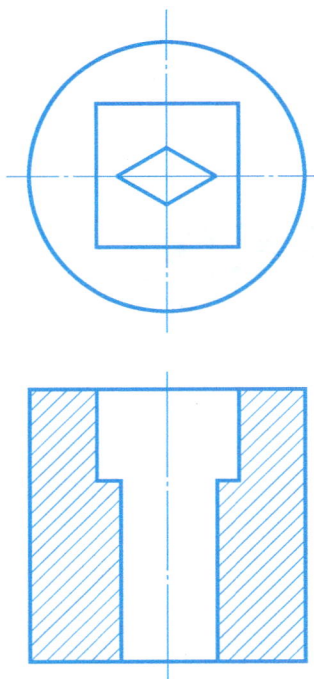

2.

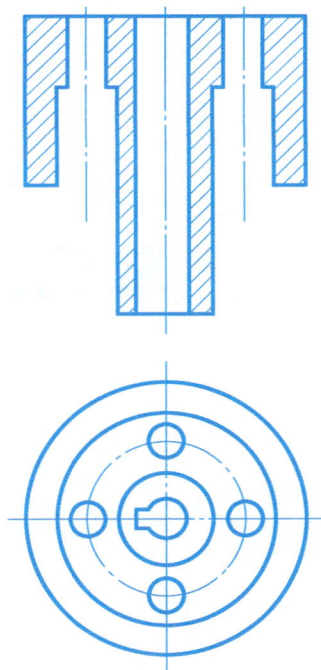

# 单元八　图样的特殊表示法

# 课题一　绘制并识读带螺纹结构的图形

**1.1　分析螺纹画法中的错误，并在指定位置画出正确的图形。**

**1.2　按给定的螺纹终止线，在圆柱上绘制外螺纹。**

1.3 在给定的光孔中绘制内螺纹，并补画主视图中的剖面线。

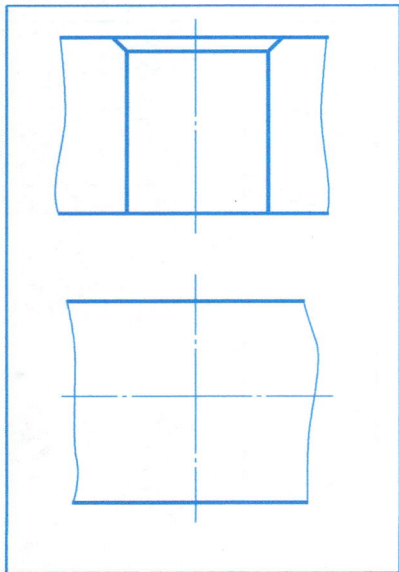

1.4 在给定的中心线处绘制不通孔的内螺纹，主视图为剖视图，已知螺纹公称直径为 M16，螺纹长度为 20

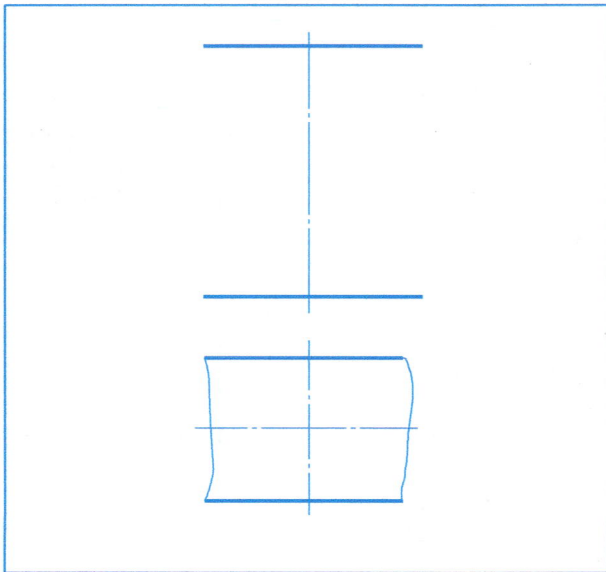

1.5 将右边的螺杆旋入螺纹孔中，绘制螺纹连接图，并补画剖面线。

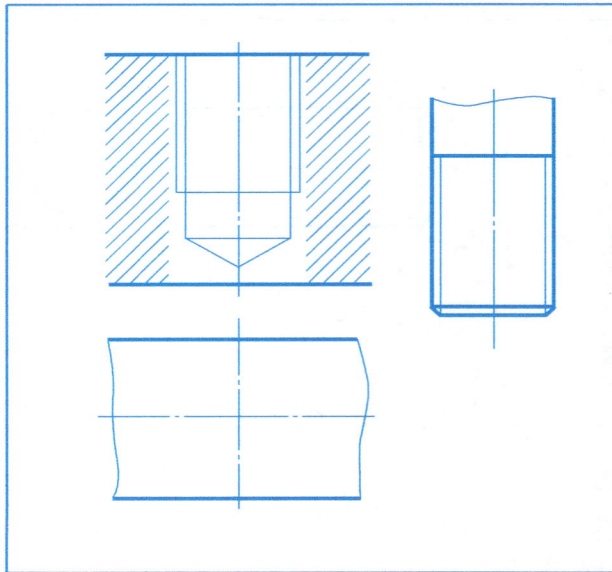

1.6 分析下列螺纹连接图中的错误，并在右面指定位置画出正确的图形。

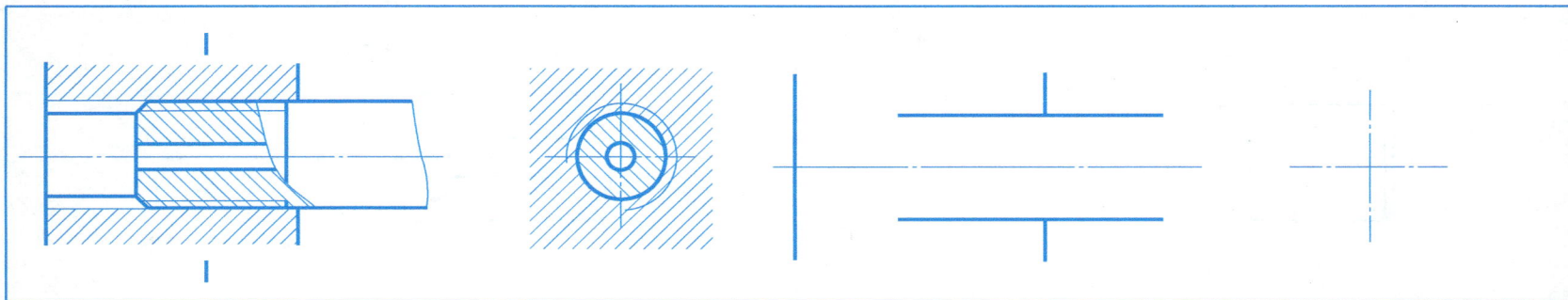

## 1.7 按给定的螺纹要素，标注螺纹的尺寸。

| | | |
|---|---|---|
| 1. 粗牙普通螺纹，公称直径为 16mm，中径、顶径公差带代号为 6g，中等旋合长度，右旋。 | 2. 细牙普通螺纹，公称直径为 18mm，螺距为 1.5mm，中径、顶径公差带代号为 6h，中等旋合长度，左旋。 | 3. 55°非密封管螺纹，尺寸代号为 3/4，公差等级为 A 级，左旋。 |
| 4. 55°密封管螺纹，尺寸代号为 1/2，右旋。 | 5. 梯形螺纹，公称直径为 20mm，导程为 14mm，中径公差带代号为 8c，中等旋合长度，右旋。 | 6. 锯齿形螺纹，公称直径为 38mm，螺距为 5mm，中径公差带代号为 7H，单线，中等旋合长度，左旋。 |

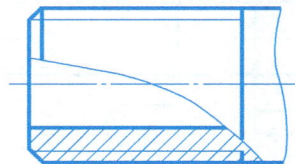

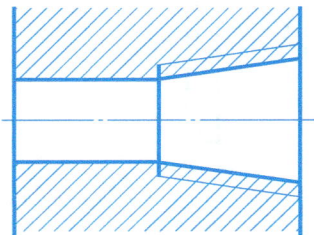

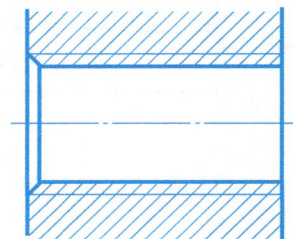

# 课题二  绘制螺纹紧固件的连接图

**2.1  查表确定下列各连接件的尺寸，标注在图中，并写出规定标记（一）。**

1. 六角头螺栓—C 级。

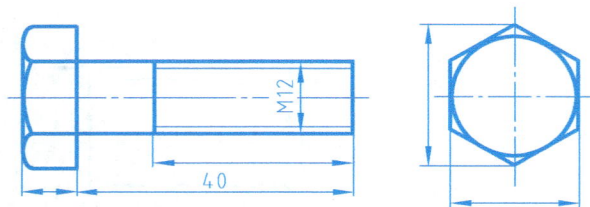

M12

40

规定标记 _____

2. 1 型六角螺母—A 级。

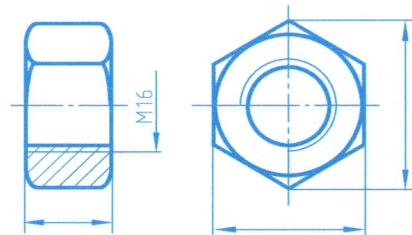

M16

规定标记 _____

3. 双头螺柱（B 型，$b_m = 1.25d$）。

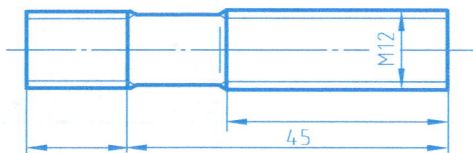

M12

45

规定标记 _____

4. 平垫圈  倒角型 A 级，相配螺纹的公称尺寸为 M10。

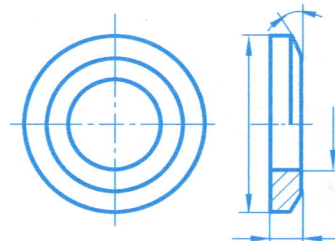

规定标记 _____

**2.2 查表确定下列各连接件的尺寸，标注在图中，并写出规定标记（二）。**

1. 开槽沉头螺钉。

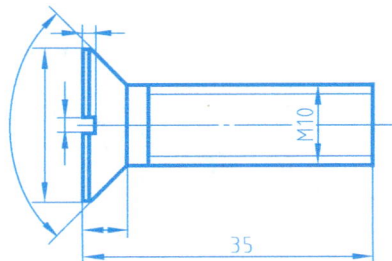

M10

35

规定标记 _____

2. 内六角圆柱头螺钉。

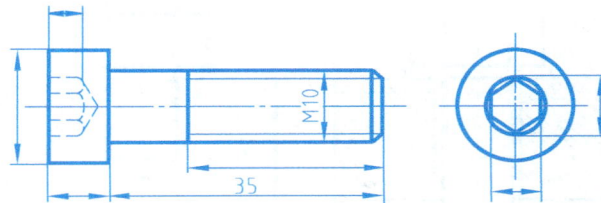

M10

35

规定标记 _____

3. 普通圆柱销（公称直径为 8mm，长度为 40mm，公差为 h8）。

规定标记 _____

4. 圆锥销（A 型，公称直径为 8mm，长度为 40mm）。

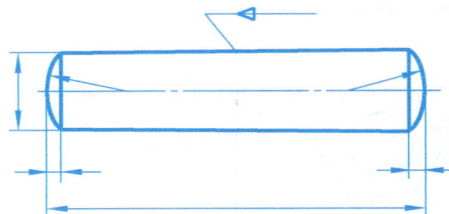

规定标记 _____

## 2.3 螺纹紧固件连接图。

1. 分析螺栓连接图中的错误，徒手圈出图中的 5 处错误。

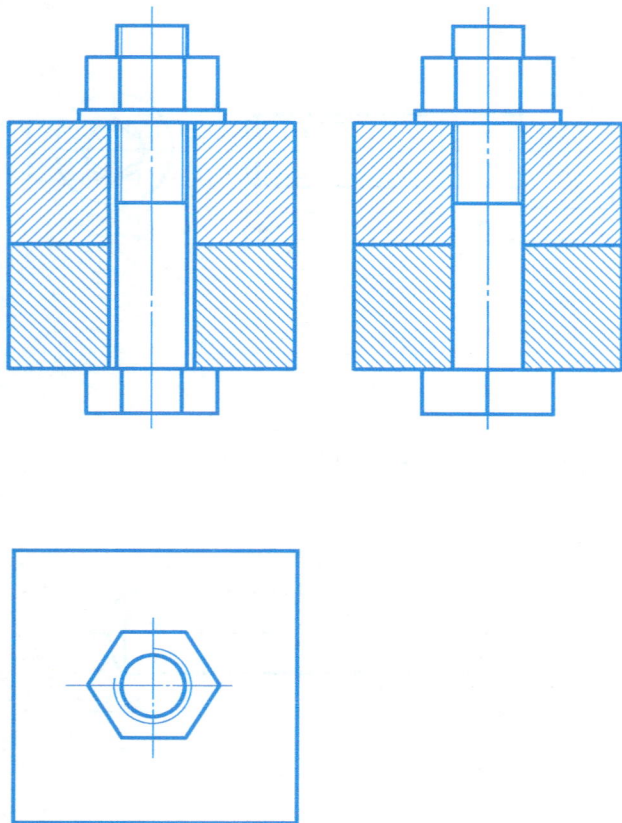

2. 对比下面两组图形，徒手圈出右图中的 4 处错误。

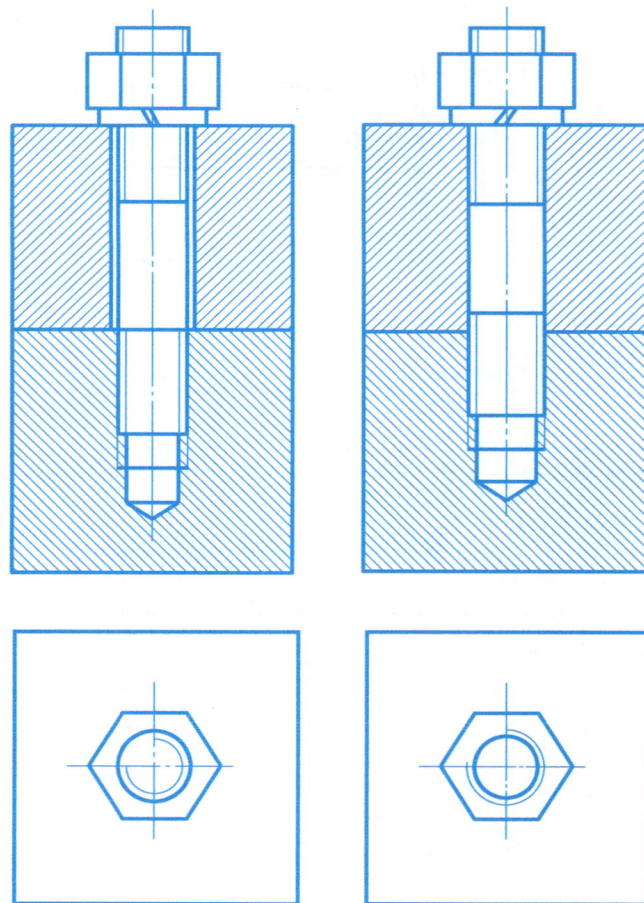

2.4  找出螺栓连接图中的错误，把正确视图的序号填入括号内。

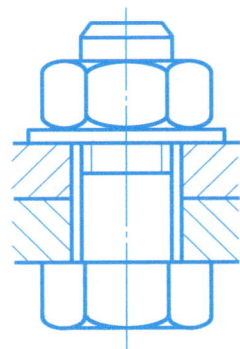
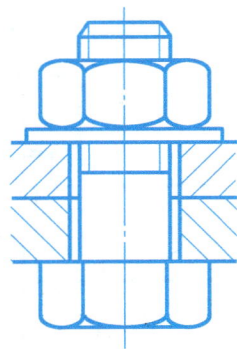
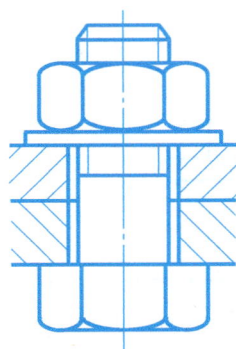
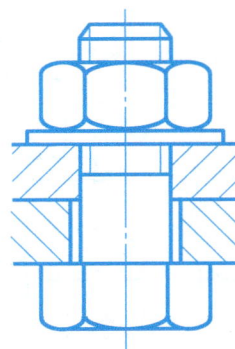
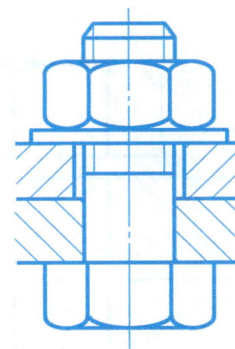

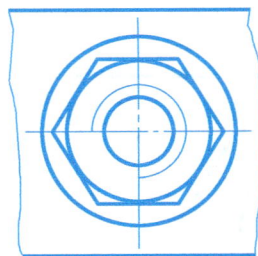
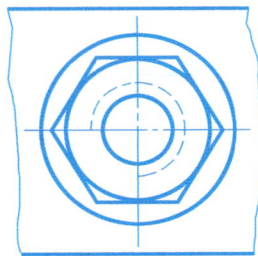
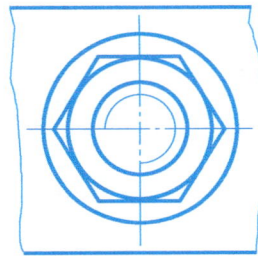
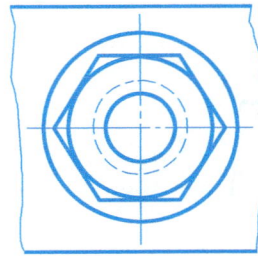
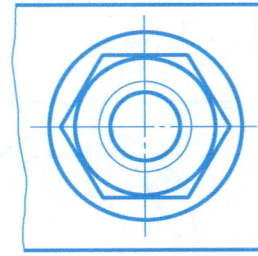

(1)　　　　　　(2)　　　　　　(3)　　　　　　(4)　　　　　　(5)

(　　)

**2.5** 分析螺栓连接、双头螺柱连接图，补全所缺的图线。

1.

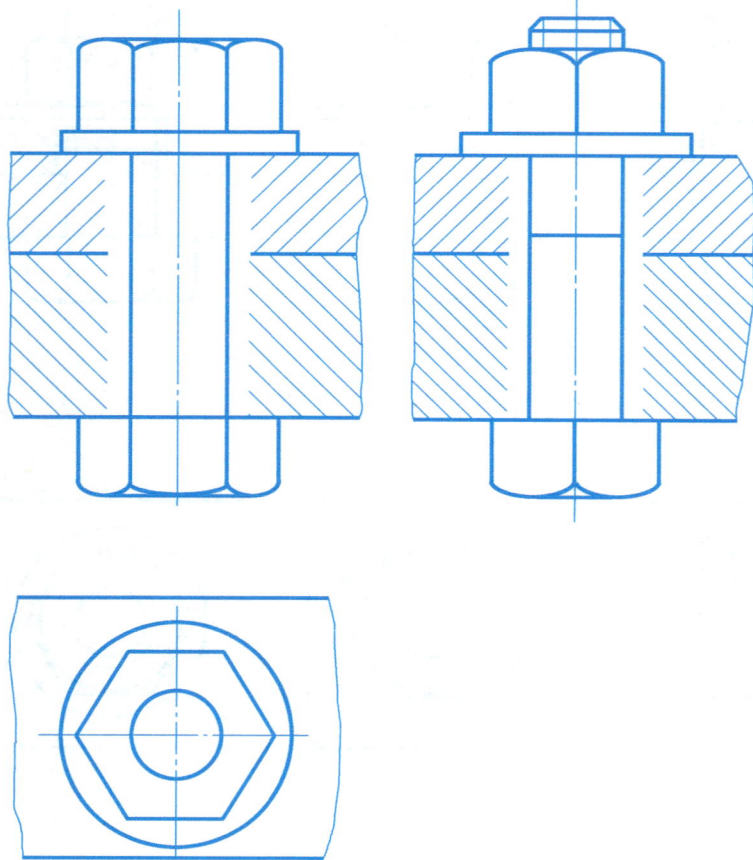

2.

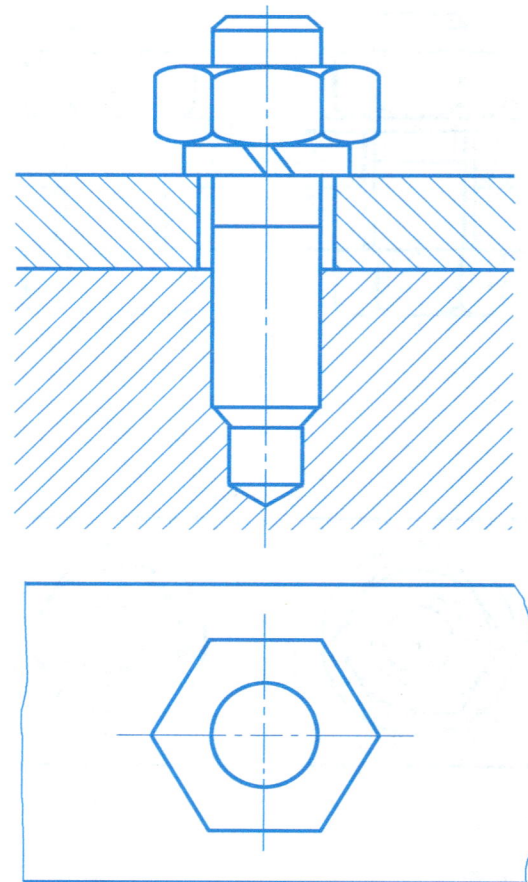

# 课题三  绘制并识读直齿圆柱齿轮零件图

## 3.1  单个圆柱齿轮。

已知直齿圆柱齿轮 $m = 5mm$，$z = 40$，齿轮端部倒角 $C2.5$，按 $1：2$ 的比例完成齿轮轮齿的两视图。

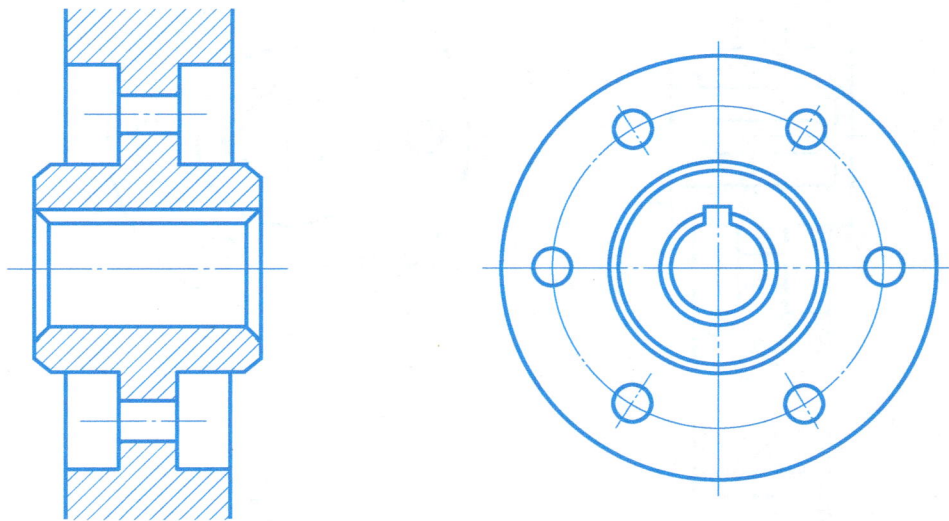

*3.2　齿轮啮合。

已知直齿圆柱大齿轮 $m=4$mm，$z_1=35$，两齿轮中心距 $a=102$mm，试计算两齿轮的公称尺寸，并用 1：2 的比例完成齿轮啮合图。

$d_1=$ _____，$z_2=$ _____，$d_2=$ _____，$h_a=$ _____，$h_f=$ _____。

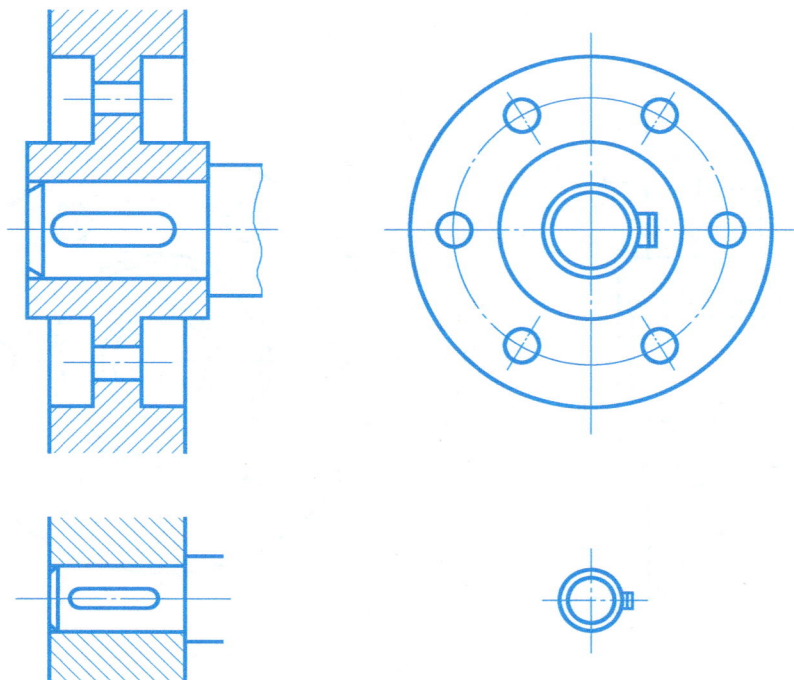

# 课题四　绘制键和销连接图

根据键与键槽的尺寸，写出键的规定标记，并完成键连接图。

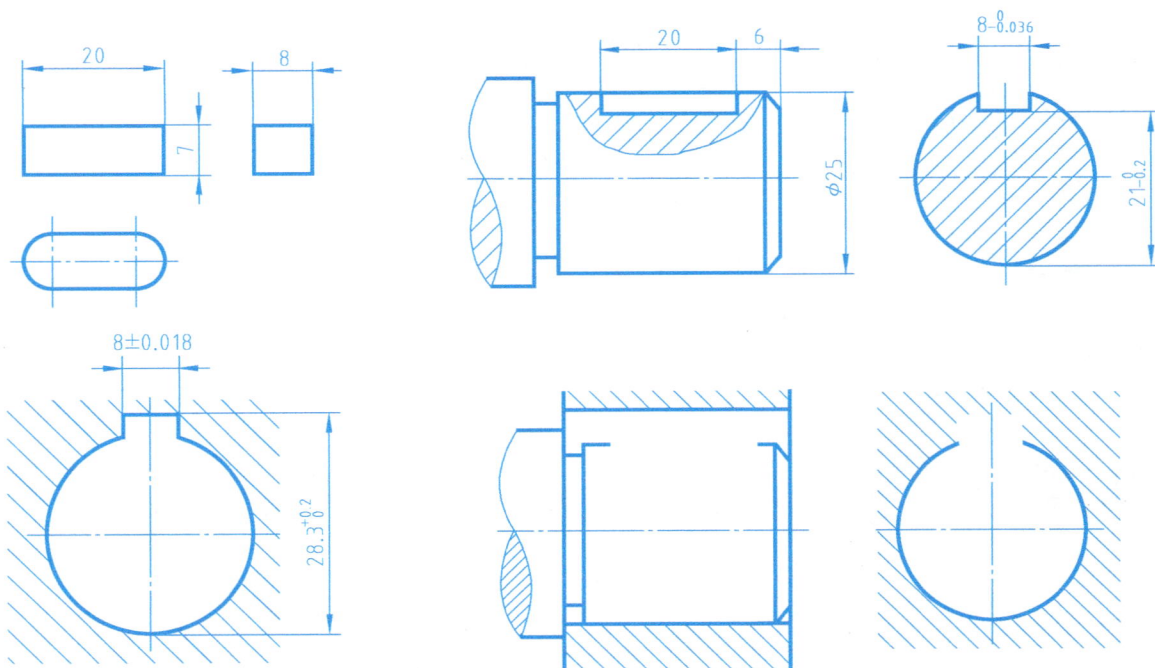

# 课题五 绘制圆柱螺旋压缩弹簧的图形

已知：圆柱螺旋压缩弹簧材料直径 $d=10mm$，弹簧中径 $D=45mm$，自由高度 $H_0=130mm$，有效圈数 $n=7.5$，支承圈数 $n_z=2.5$，节距 $t=12mm$，右旋。试用 $1：1$ 的比例画出弹簧的全剖视图。

# 课题六 绘制滚动轴承的图形

**6.1** 已知阶梯轴两端支承轴肩处的直径分别为 25mm 和 15mm，用规定画法按 1:1 的比例画出支承处的滚动轴承。

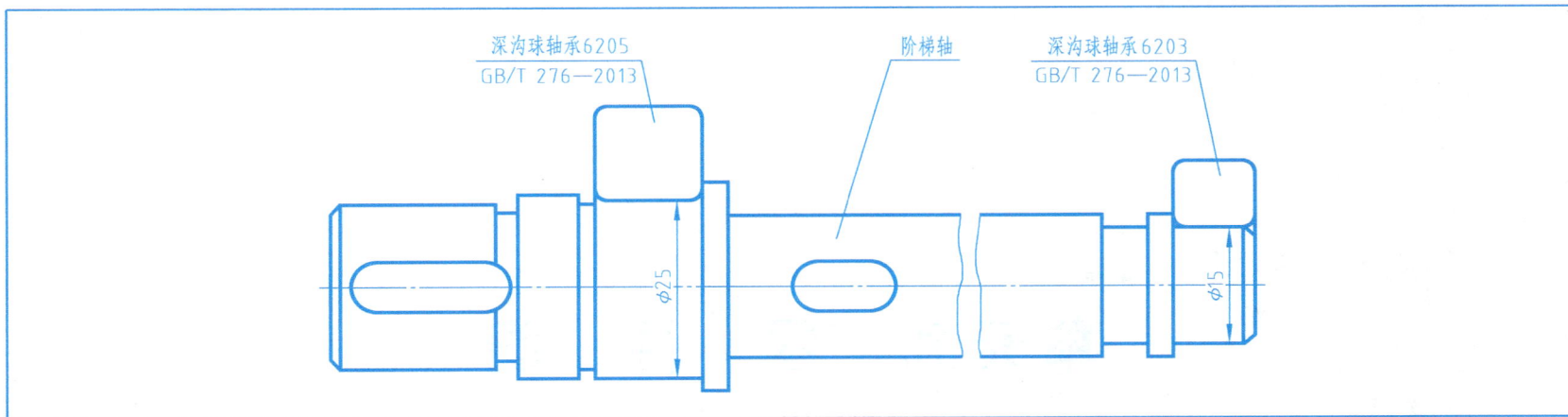

深沟球轴承6205
GB/T 276—2013

阶梯轴

深沟球轴承6203
GB/T 276—2013

$\phi 25$

$\phi 15$

**6.2** 解释下列滚动轴承代号的含义。

6208：内　　径＿＿＿＿＿＿
　　　尺寸系列＿＿＿＿＿＿
　　　轴承类型＿＿＿＿＿＿
61804：内　　径＿＿＿＿＿＿
　　　尺寸系列＿＿＿＿＿＿
　　　轴承类型＿＿＿＿＿＿

51212：内　　径＿＿＿＿＿＿
　　　尺寸系列＿＿＿＿＿＿
　　　轴承类型＿＿＿＿＿＿

30308：内　　径＿＿＿＿＿＿
　　　尺寸系列＿＿＿＿＿＿
　　　轴承类型＿＿＿＿＿＿

# 单元九　零件图

# 课题一　认识零件图

**观察模柄零件图，并回答下面问题。**

1. 该零件图内容包括 _____、_____、_____、_____。
2. 该零件的名称_____，材料_____，绘图比例为_____。
3. 零件图中共用了_____个图形，主视图为_____视图，采用_____画法，俯视图为_____视图。
4. 该零件属于_____类零件。

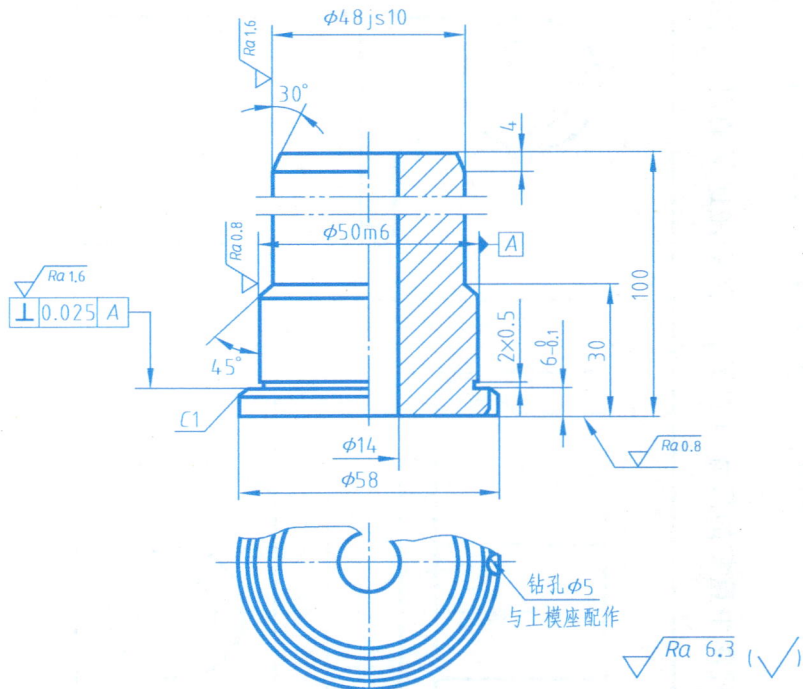

$\phi 48 js10$

$Ra 1.6$

30°

$Ra 0.8$

$\phi 50 m6$

$A$

4

100

30

2×0.5

6-0.1

$Ra 1.6$

$\perp$ | 0.025 | $A$

45°

$C1$

$\phi 14$

$\phi 58$

$Ra 0.8$

钻孔$\phi 5$
与上模座配作

$Ra$ 6.3 $(\sqrt{})$

| 模柄 | 比例 | 数量 | 材料 | 图号 |
|------|------|------|------|------|
|      | 1:1  | 1    | Q235 | 13   |
| 制图 |      |      |      |      |
| 审核 |      |      |      |      |
| 设计 |      |      |      |      |

课题二 零件图上的尺寸标注

2.1 指出视图中重复的尺寸（打叉），并标注遗漏的尺寸（不注尺寸数字）。

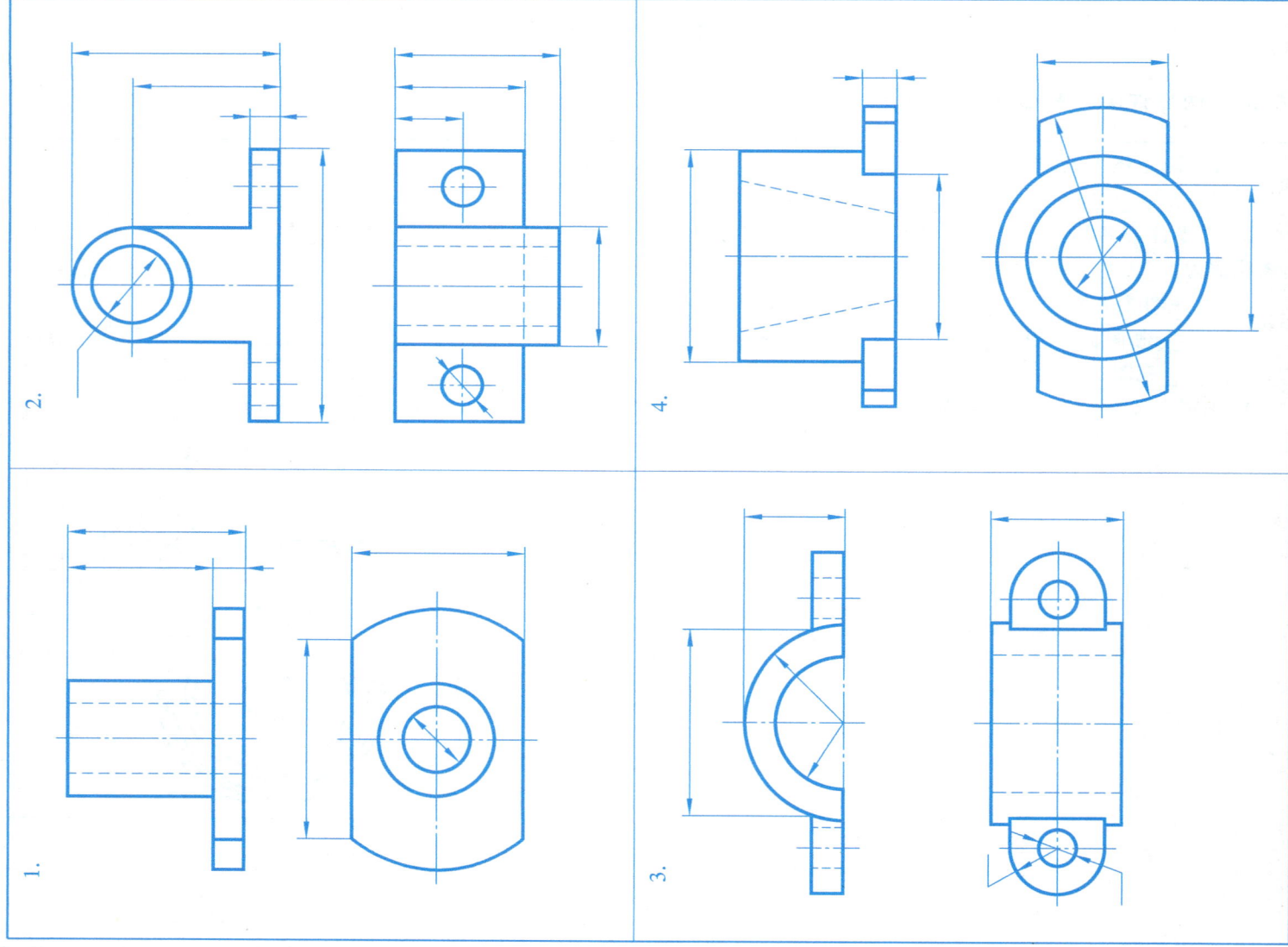

1.

2.

3.

4.

2.2 分析壳体结构，标全遗漏的尺寸（数字从图中量取，取整数），并做填空题。

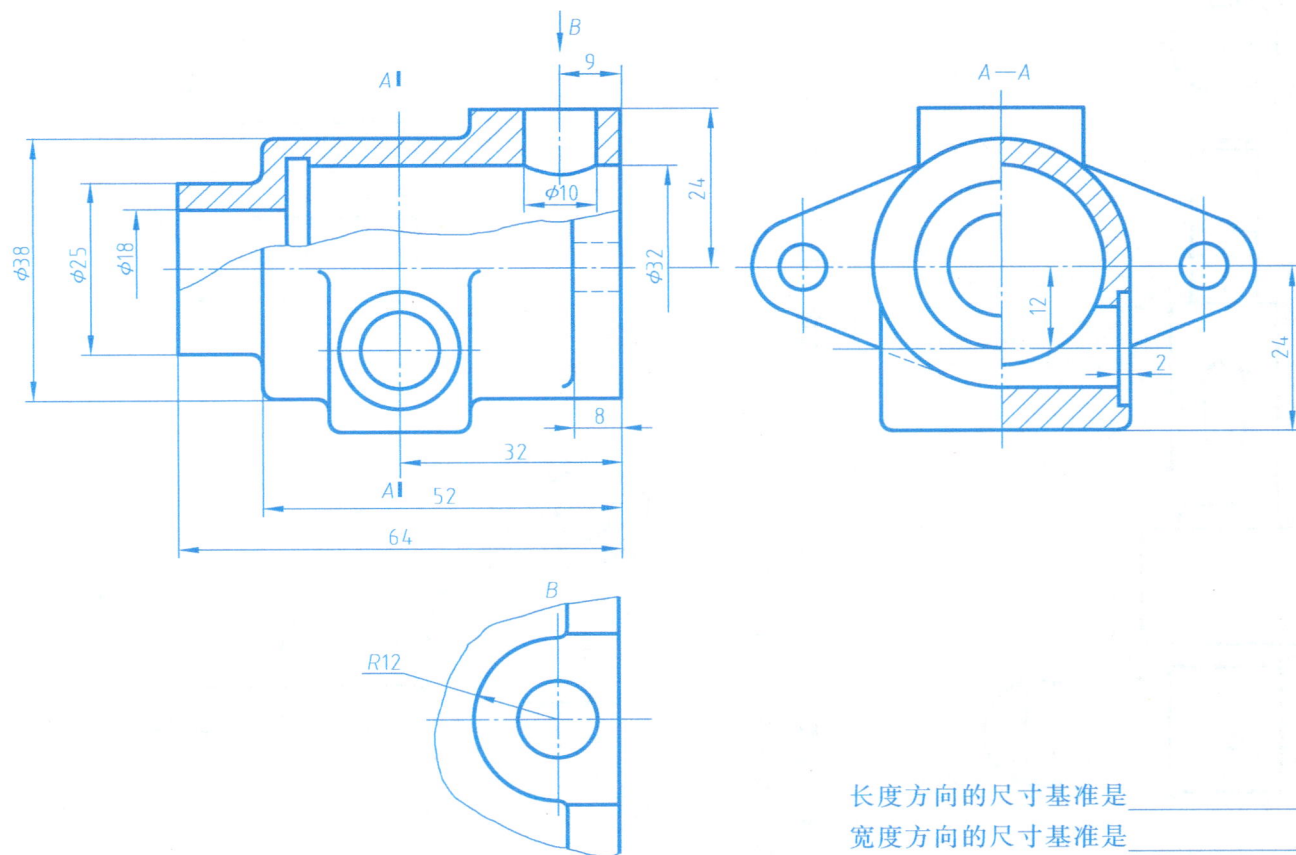

长度方向的尺寸基准是_____；
宽度方向的尺寸基准是_____；
高度方向的尺寸基准是_____。

2.3 用▲指出轴（右端螺纹 M20-5g6g）长度方向主要尺寸基准，并标注尺寸，数值从图中量取（取整数），比例 1：1。

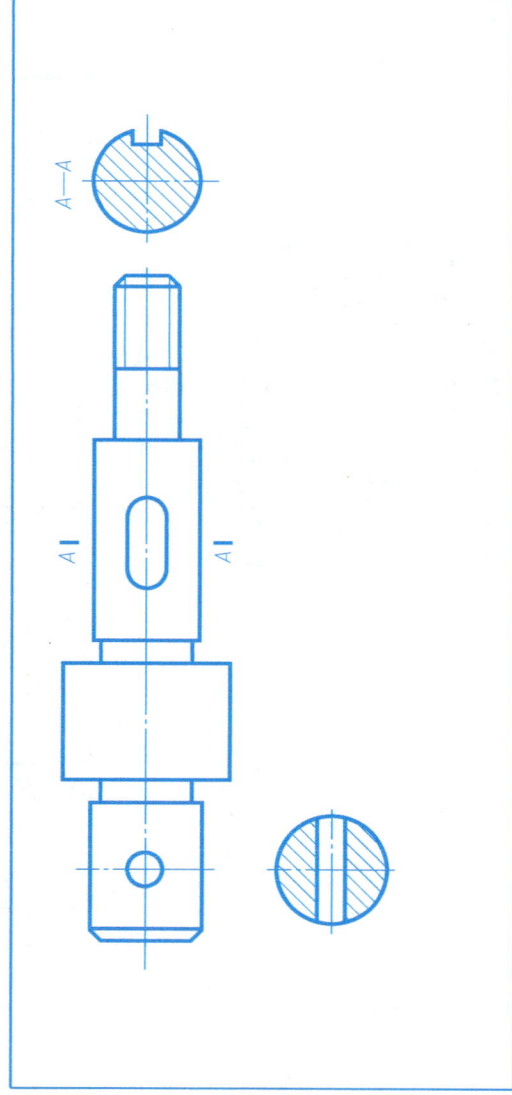

A—A

A

A

2.4 用▲指出脚踏座长、宽、高三个方向的主要尺寸基准，注全尺寸，数值从图中量取（取整数），比例 1：2。

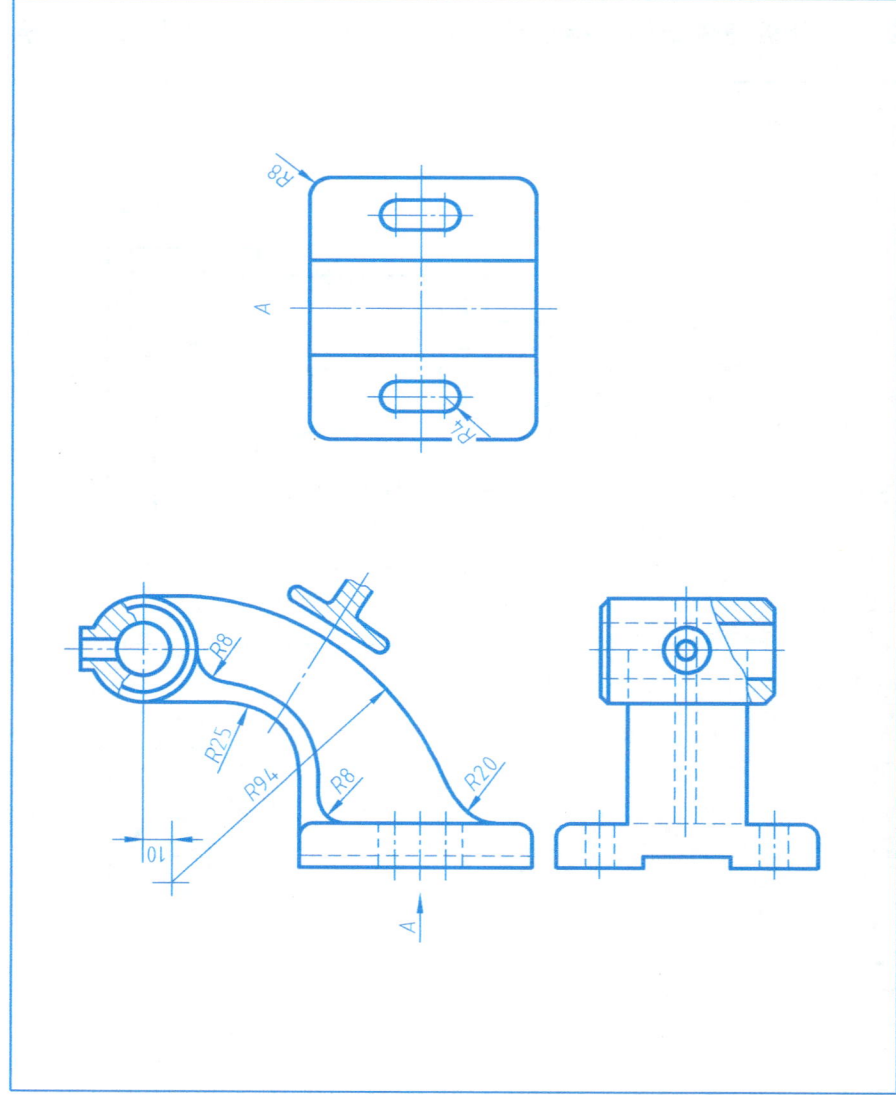

R8

A

R8

R25

R94

R8

R20

10

A

2.5　根据课本上的步骤完成落料凹模的尺寸标注，数值参照课本。要求：所注尺寸要正确、完整、合理，尺寸布置要清晰。

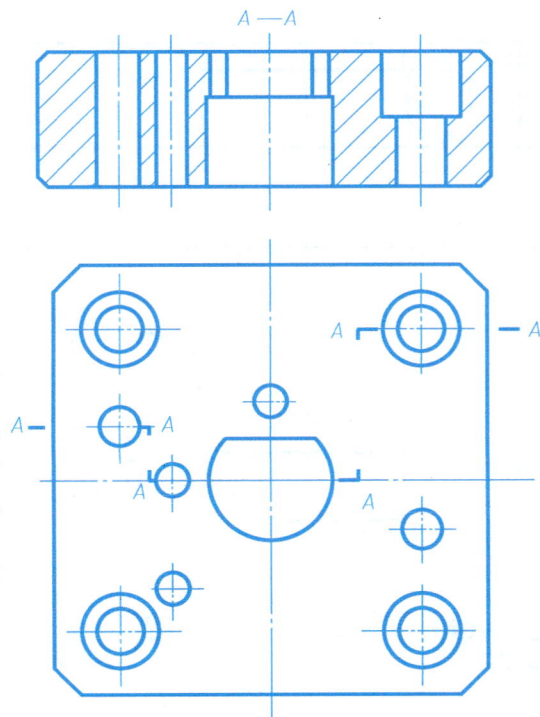

$A - A$

2.6 看懂两视图，根据课本上的步骤完成凹模板的尺寸标注。要求：所注尺寸要正确、完整、合理，尺寸布置要清晰。

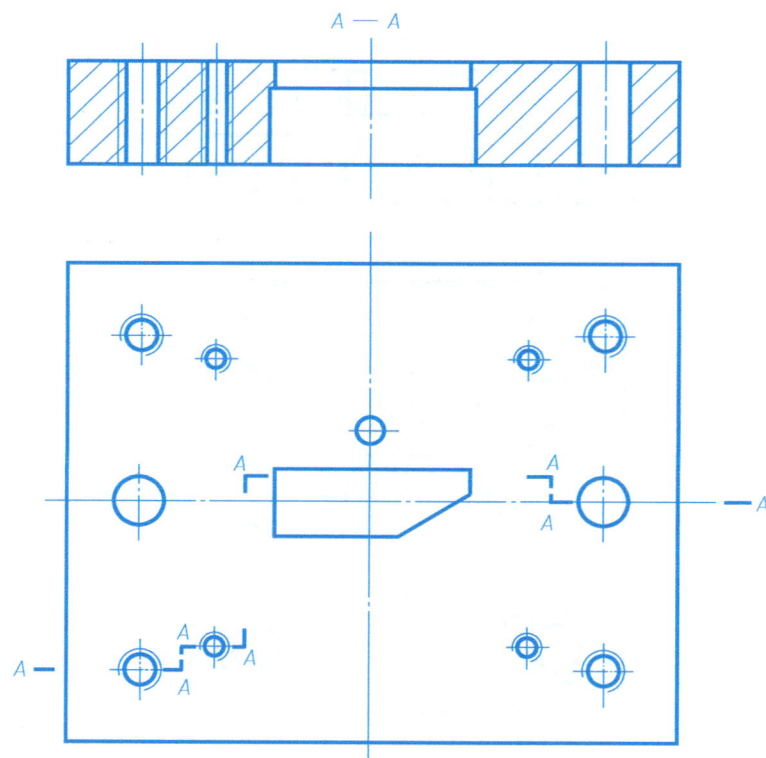

$A - A$

# 课题三 零件图上的表面结构要求

**3.1** 分析左图中表面结构要求标注的错误，在右图中进行正确标注。

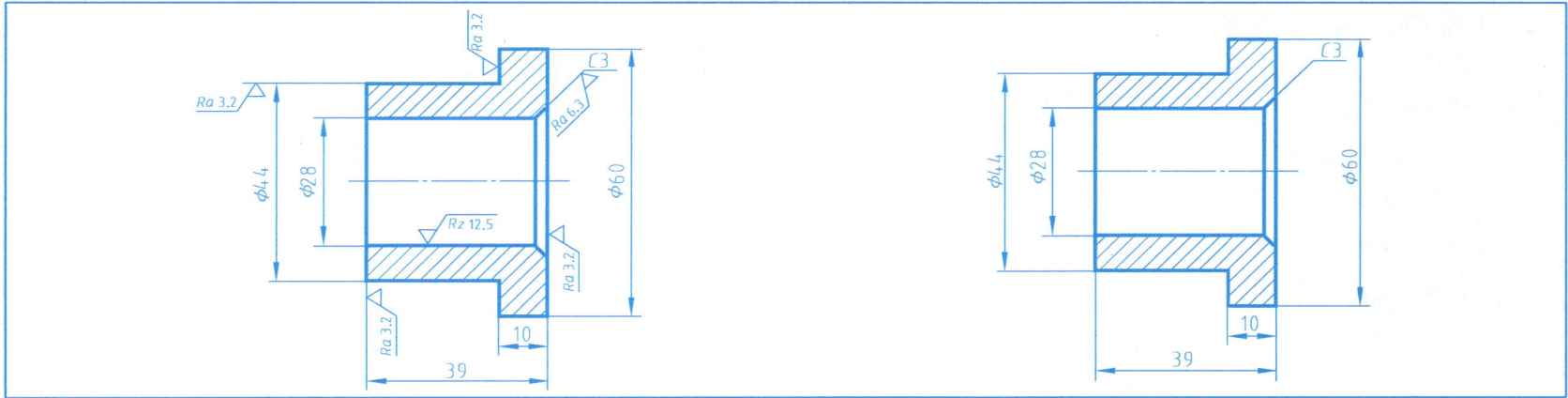

**3.2** 根据给定的 *Ra* 值，用代号标注在三视图上。

| 表面 | A,B | C | D | E,F,G | 其余 |
|------|-----|-----|-----|-------|------|
| *Ra*/μm | 12.5 | 3.2 | 6.3 | 25 | 毛坯面 |

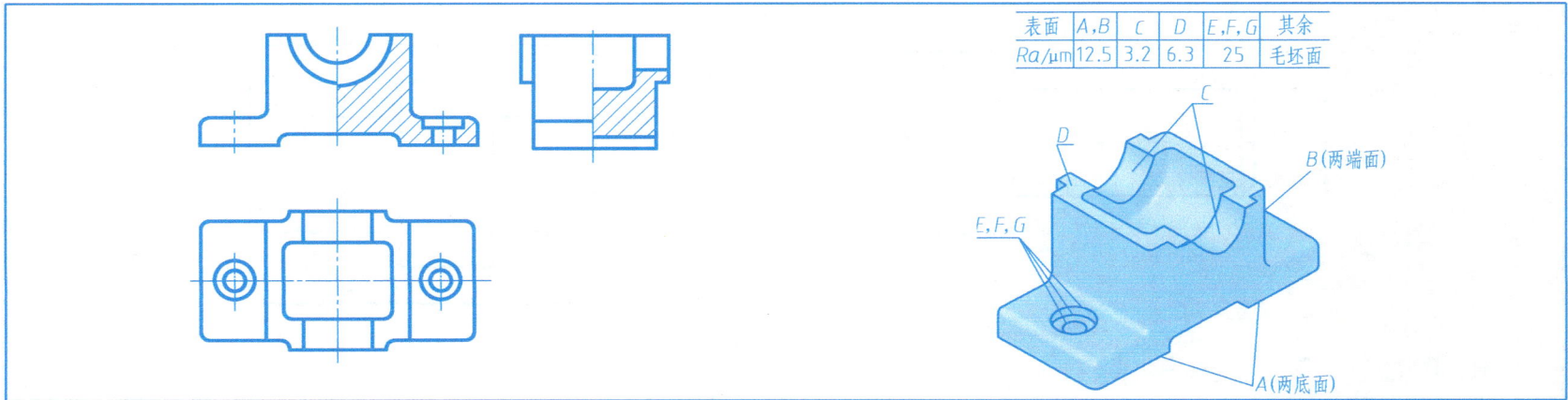

# 课题四　零件图上的尺寸加工要求

## 4.1　按要求完成下列各题。

1. 判断下列书写是否正确，将正确注法写在横线上，并计算公差值。

① $\phi 40_{-0.05}\,\text{mm}$ _____；公差 = _____。

② $\phi 50\left(^{-0.31}_{-0.7}\right)$ _____；公差 = _____。

③ $\phi 30_{\pm 0.008}\,\text{mm}$ _____；公差 = _____。

④ $\phi 40^{+0.021}_{0}$（H7）_____；公差 = _____。

⑤ $\phi 40^{-0.021}_{-0.008}\,\text{mm}$ _____；公差 = _____。

2. 查表，将极限偏差数值（单位：mm）填入公差带后的括号内，并指出上、下极限偏差分别为多少？

① $\phi 30\text{H}8$（　　　）；上极限偏差为_____；下极限偏差为_____。

② $\phi 60\text{JS}7$（　　　）；上极限偏差为_____；下极限偏差为_____。

③ $\phi 25\text{m}6$（　　　）；上极限偏差为_____；下极限偏差为_____。

④ $\phi 40\text{f}7$（　　　）；上极限偏差为_____；下极限偏差为_____。

⑤ $\phi 20\text{k}5$（　　　）；上极限偏差为_____；下极限偏差为_____。

3. 将 $\phi 30\text{H}7$（$^{+0.021}_{0}$）、$\phi 30\text{f}7$（$^{-0.020}_{-0.041}$）标注在下面相应的零件图上，并完成填空。

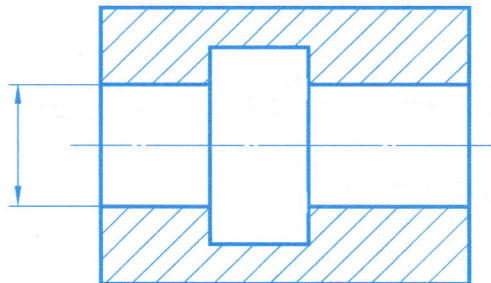

该轴、孔是_____制_____配合。

**4.2 解释配合代号的含义，查表得上、下极限偏差值后标注在零件图上，并填空。**

1. 轴套与泵体配合

公称尺寸_____，基_____制。

公差等级：轴 IT_____；

　　　　　孔 IT_____；

　　　　　_____配合。

轴套：　上极限偏差_____；

　　　　下极限偏差_____。

泵体的孔:上极限偏差_____；

　　　　　下极限偏差_____。

2. 轴套与轴配合

公称尺寸_____，基_____制。

公差等级：轴 IT_____；

　　　　　孔 IT_____；

　　　　　_____配合。

轴套：　上极限偏差_____；

　　　　下极限偏差_____。

轴：　　上极限偏差_____；

　　　　下极限偏差_____。

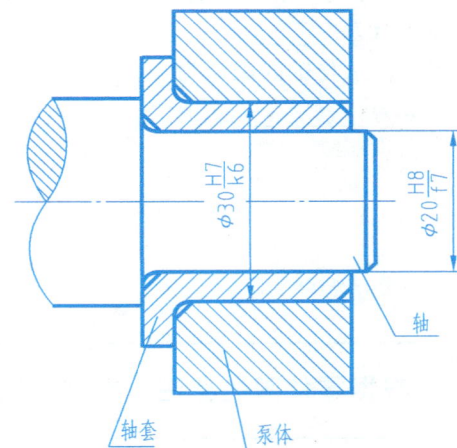

$\phi30\dfrac{H7}{k6}$　$\phi20\dfrac{H8}{f7}$

轴　轴套　泵体

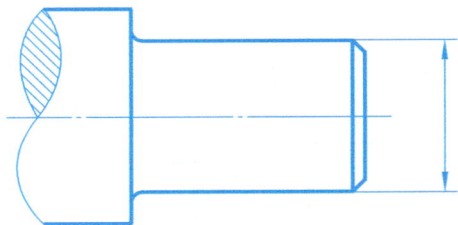

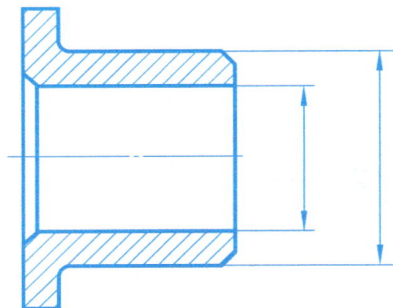

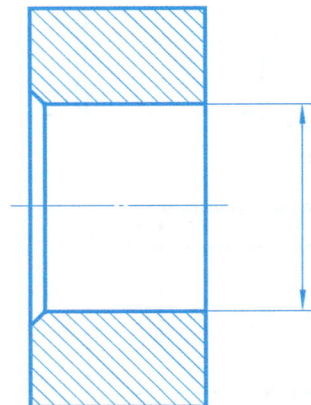

**4.3** 标注轴和孔的公称尺寸及上、下极限偏差值，并填空。

　　滚动轴承与座孔的配合为_____制，座孔的基本偏差代号为_____，公差等级为_____。

　　滚动轴承与轴的配合为_____制，轴的基本偏差代号为_____，公差等级为_____。

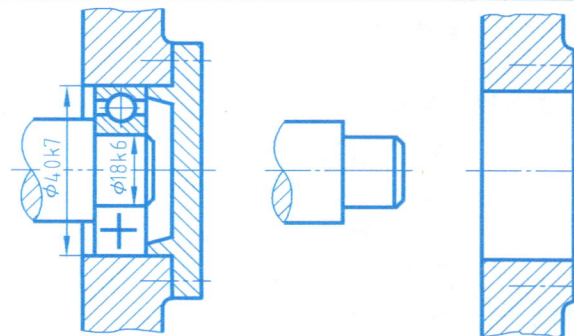

$\phi 40k7$　$\phi 18k6$

**4.4** 根据零件图的标注，在装配图上注出配合代号，并回答问题。

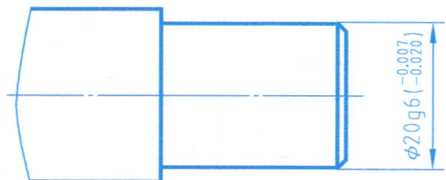

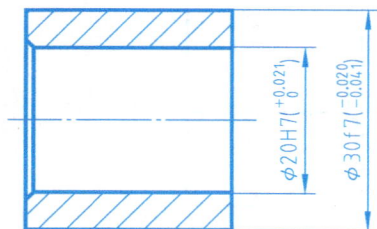

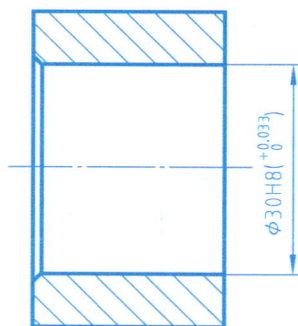

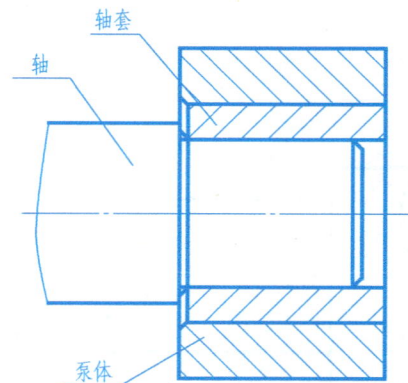

$\phi 20g6\left(^{-0.007}_{-0.020}\right)$

$\phi 30H8\left(^{+0.033}_{0}\right)$

$\phi 20H7\left(^{+0.021}_{0}\right)$　$\phi 30f7\left(^{-0.020}_{-0.041}\right)$

轴套

轴

泵体

1）轴与轴套是_____制_____配合。

2）轴套与泵体的孔是_____制_____配合。

# 课题五　零件图上的几何公差要求

## 5.1　根据给定的要求在图样上用代号注出几何公差要求。

1. 20mm 的槽对距离为 40mm 的两平面的对称度公差为 0.06mm。

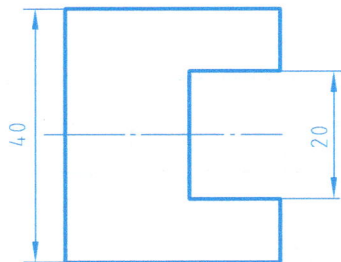

2. 轴肩 A 对 φ15h6 轴线的轴向圆跳动公差为 0.03mm；φ25r7 对 φ15h6 轴线的径向圆跳动公差为 φ0.03mm。

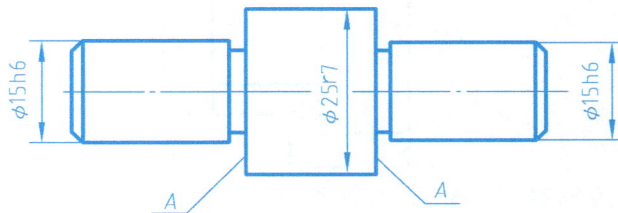

3. φ25h6 圆柱的轴线对 φ18H7 圆孔轴线的同轴度公差、轴向圆跳动公差为 φ0.02mm；右端面 A 对 φ18H7 圆孔轴线的垂直度公差为 0.04mm。

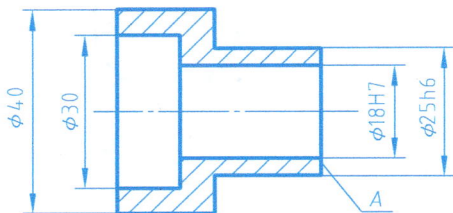

4. 孔 φ18mm 轴线的直线度公差为 φ0.02mm；孔 φ18mm 的圆度公差为 0.01mm。

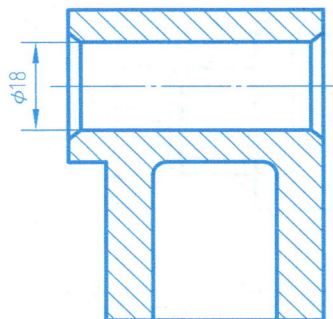

## 5.2 填空说明图中的几何公差代号的含义（参照例 1 进行表述）。

**例 1**

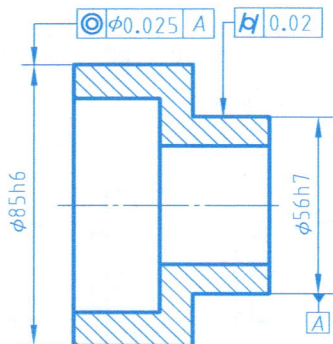

$\phi85h6$ 的轴线对 $\phi56h7$ 的轴线 *A* 的同轴度公差为 $\phi0.025mm$，$\phi56$ h7圆柱面的圆柱度公差为 0.02mm。

**1.**

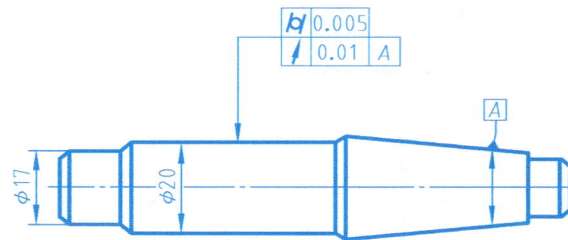

_____ 圆柱面的 _____ 公差为 _____，_____ 圆柱面对圆锥轴段的轴线的 _____ 公差为 _____。

**2.**

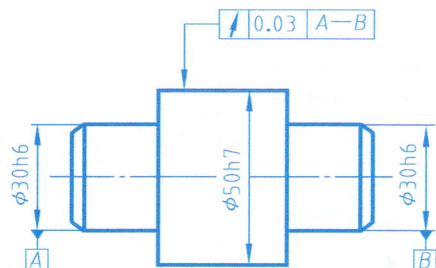

_____ 圆柱面对两个 _____ 公共轴线的 _____ 公差为 _____。

**3.**

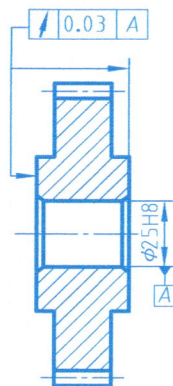

齿轮轮毂的两 _____ 面对 _____ 的轴线的 _____ 公差为 _____。

**4.**

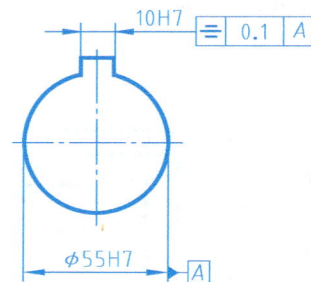

键槽的 _____ 对 _____ 轴线的 _____ 公差为 _____。

# 课题六　绘制零件图

6.1　根据已给泵体的三视图想象出其结构，并在下页泵体的各种表达方法中选出一组最佳表达方案，剪贴在右边空白处。

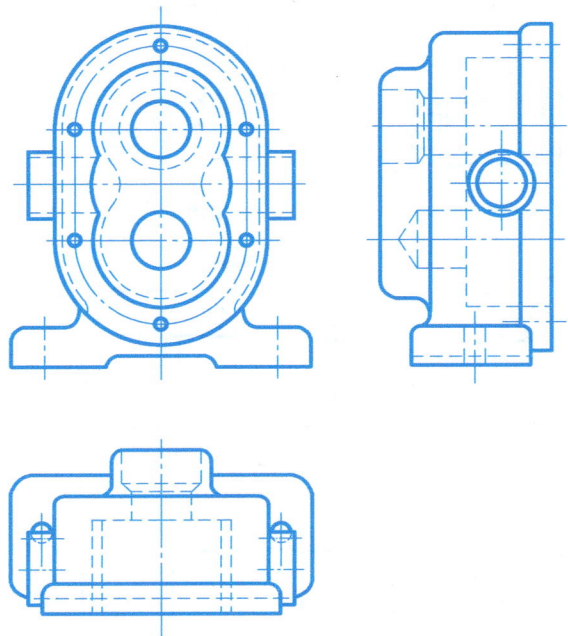

**6.1** （续）

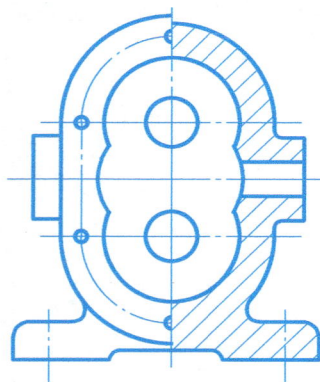

1) 主视图半剖

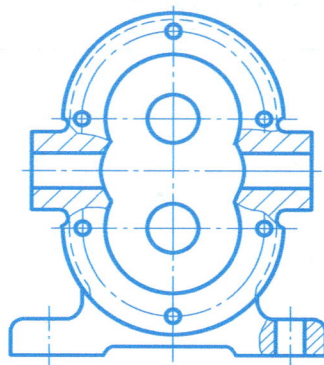

2) 主视图局部剖

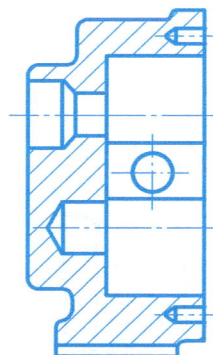

3) 左视图全剖

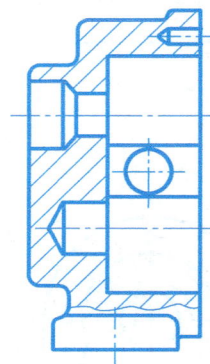

4) 左视图局部剖

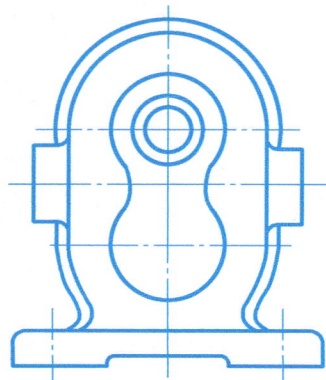

5) 后视图外形

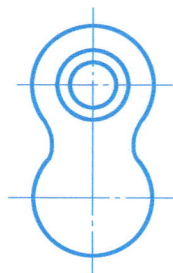

6) 局部后视图

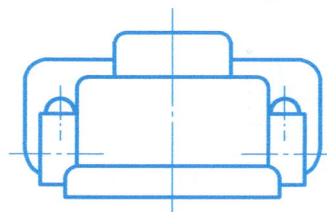

7) 俯视图外形

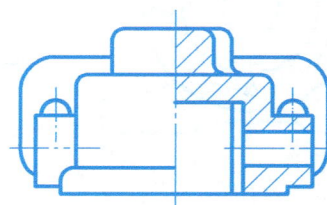

8) 俯视图半剖

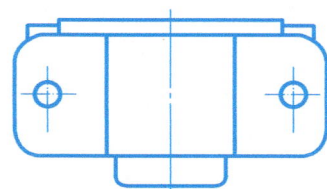

9) 仰视图

10) 局部仰视图

6.2 参照轴测图和已选定的一个基本视图，确定表达方案，并按 1：1 的比例标注尺寸。数值从视图中量取。

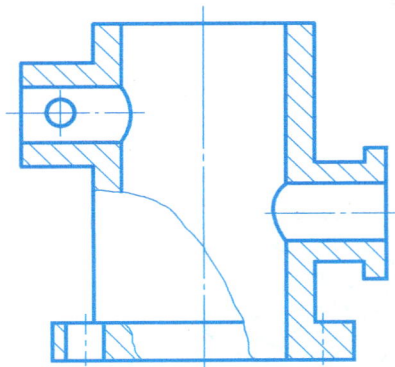

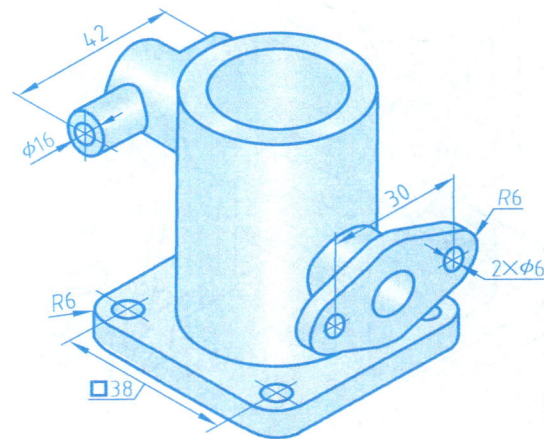

**6.3** 徒手绘制下列立体图所示的一件或两件零件的零件草图，选用恰当的表达方案，完整、清晰地表达该零件的结构形状，标注全部尺寸及技术要求，并用尺规绘制零件图，绘图比例及图幅自定。

1. 零件名称：支座（前后、左右对称）
   材料：HT150

2. 零件名称：支架（前后对称）
   材料：HT150

技术要求
未注铸造圆角R3。

主视图投射方向

技术要求
未注铸造圆角R1～R3。

# 课题七　识读零件图

## 7.1　读齿轮轴零件图，回答下面问题。

1. 齿轮轴主视图安放采用了_____原则，轴上有_____、_____、_____等局部结构。

2. 零件上有一处普通平键槽，槽宽、槽深分别为_____、_____，其定位尺寸为_____。

3. 尺寸 2×0.5 标注的结构为_____槽，其中 2 表示_____，0.5 表示_____。

4. 图中几何公差框格的含义是：基准要素是_____，被测要素是_____，公差项目符号是_____，公差值是_____。

5. 该图样中齿顶圆直径尺寸标注为_____，在该标注中_____为公称尺寸，h8 为_____代号，其中 h 为_____代号，8 为_____代号。该齿顶圆的上极限尺寸为_____，下极限尺寸为_____，公差为_____。

6. 该零件表面都是用_____方法获得的，其中两处 φ35 轴段的表面结构要求代号为_____，该代号中 Ra 表示_____，单位为_____。

| 模数 | 2.5 |
| 齿数 | 22 |
| 压力角 | 20° |
| 精度等级 | 7-6-6GM |

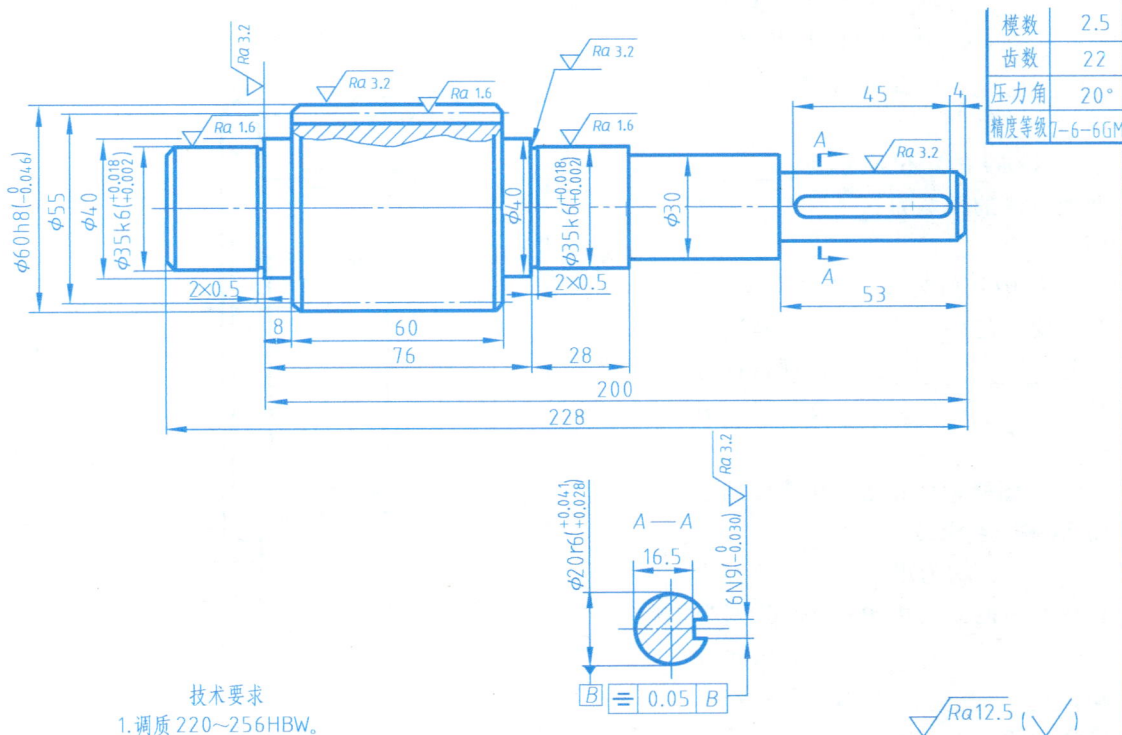

**技术要求**
1. 调质 220~256HBW。
2. 未注倒角均为C2。
3. 去锐边毛刺。
4. 线性尺寸未注公差按照GB/T 1804—m。

| 设计 | | | 齿轮轴 | |
| 校核 | | | 比例 | 1:1 |
| 审核 | | | | 45 |

## 7.2 读端盖零件图，回答下面问题。

1. 该零件的名称为_____，比例为_____，材料为_____。主视图安放采用了_____原则。

2. 该零件上采用_____个图形表达，其中主视图为_____图，采用_____个_____的剖切平面剖切而成；左视图为_____图，主要表达_____和_____的分布情况。

3. 该零件的径向尺寸基准为_____，轴向主要尺寸基准为_____，辅助尺寸基准为_____，两者之间的联系尺寸为_____。

4. 4×$\phi$9 的定位尺寸为_____。两处方槽的槽宽为_____，槽深为_____。

5. 图中几何公差框格的含义是：基准要素是_____，被测要素是_____，公差项目符号是_____，公差值是_____。

6. 该图样中所指 B、D 两处的表面结构要求分别为_____、_____，均为用_____方法获得的表面，其中 Ra 的值分别为_____、_____。由此可知，_____面的加工精度要求更高一些。

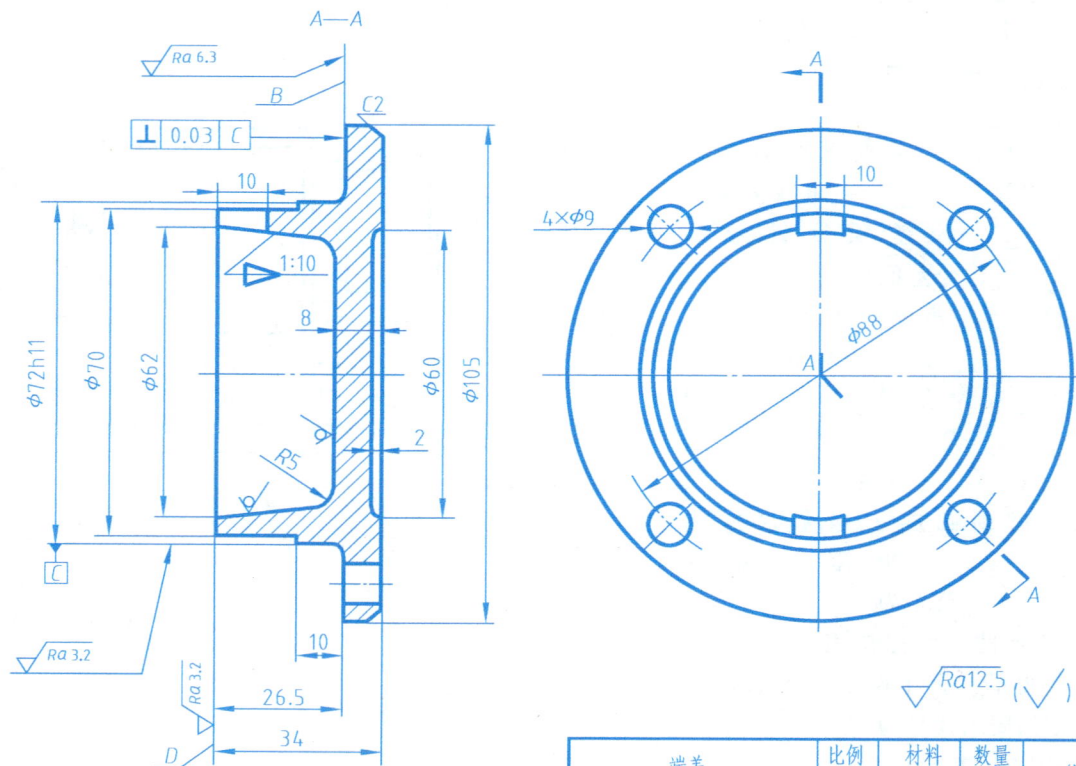

A—A

$\sqrt{Ra\,6.3}$

B

C2

⊥ | 0.03 | C

10

1:10

8

$\phi$72h11  $\phi$70  $\phi$62  $\phi$60  $\phi$105

R5

2

C

$\sqrt{Ra\,3.2}$

$Ra\,3.2$

10

26.5

34

D

技术要求
未注铸造圆角均为R2。

A

10

4×$\phi$9

$\phi$88

A

A

$\sqrt{Ra\,12.5}$ ( $\sqrt{}$ )

| | | 端盖 | | 比例 | 材料 | 数量 | (图号) |
|---|---|---|---|---|---|---|---|
| | | | | 1:2 | HT200 | | |
| 制图 | (姓名) | (日期) | | | | | (单位) |
| 校核 | | | | | | | |

## 7.3 读托架零件图，按要求完成下页各题。

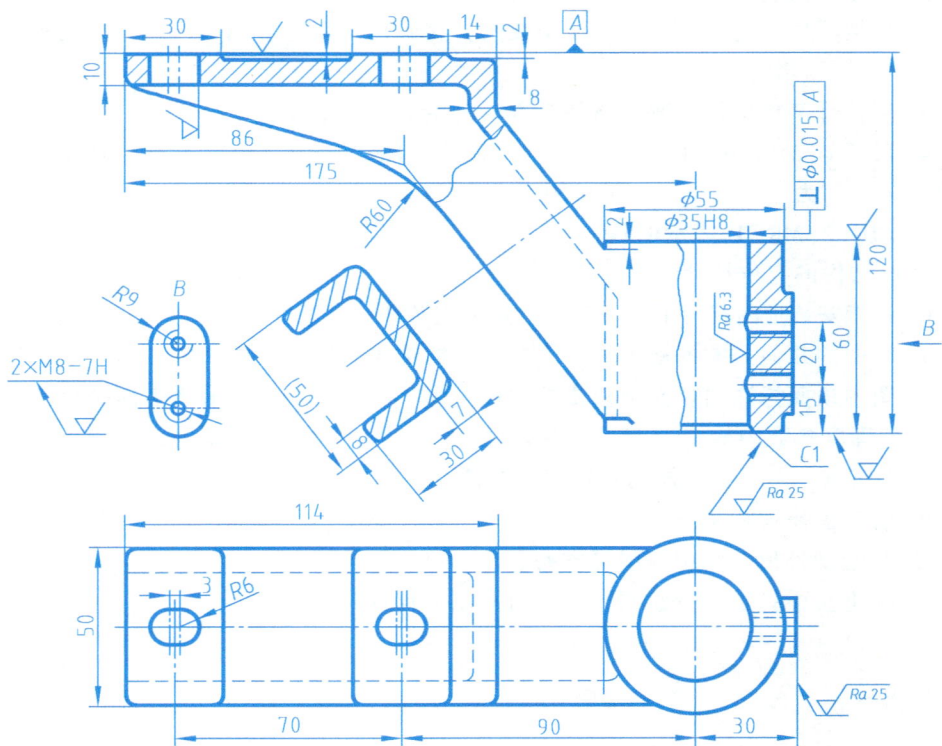

技术要求
1. 未注圆角R3～R4。
2. 铸件不得有砂眼、裂纹。

$\sqrt{\phantom{Ra}} = \sqrt{Ra\,12.5}$ 　 $\sqrt{}$ ( $\sqrt{}$ )

| 托架 | | 比例 | 材料 | 数量 | （图号） |
|---|---|---|---|---|---|
| | | 1:2 | HT150 | | |
| 制图 | （姓名） | （日期） | | （单位） | |
| 校核 | | | | | |

## 7.3（续）

1. 该零件的名称是_____，属于_____类零件。

2. 托架零件图用了_____个视图，它们是：两处采用_____剖视的_____图，_____图，B 向_____图和一个_____图。

3. 用符号▼指出长、宽、高三个方向的主要尺寸基准。

4. 尺寸 φ35H8 中 φ35 是_____尺寸，H8 是_____代号，H 是_____代号，8 是_____代号，查表可得该尺寸的上极限尺寸为_____，下极限尺寸为_____，公差为_____。

5. 图中 2×M8-7H 表示的是_____个_____孔，其中 M 表示_____，8 表示_____，7H 表示_____。从图中可以看出，此结构的定位尺寸为_____、_____。

6. 托架安装顶面有两个_____形的安装孔，其长度为_____，宽度为_____，定位尺寸为_____、_____。

7. 图中的几何公差框格表示_____的轴线对顶面 A 的_____公差为_____。

8. 图中顶面标注的表面结构要求的代号为_____，表示该表面是用_____的工艺方法获得的。代号中的 Ra 是评定表面结构的轮廓度参数中的_____参数之一，称为_____偏差，属单向_____值，评定长度为_____个_____长度。该表面应按_____规则判定其合格性。

9. 按要求补画右视图。

① 只绘制外形，图中虚线可省略。

② 在上页中指定位置绘制，并与对应图形保证尺寸关系。

7.4 读蜗杆减速箱零件图，并完成下面各题。

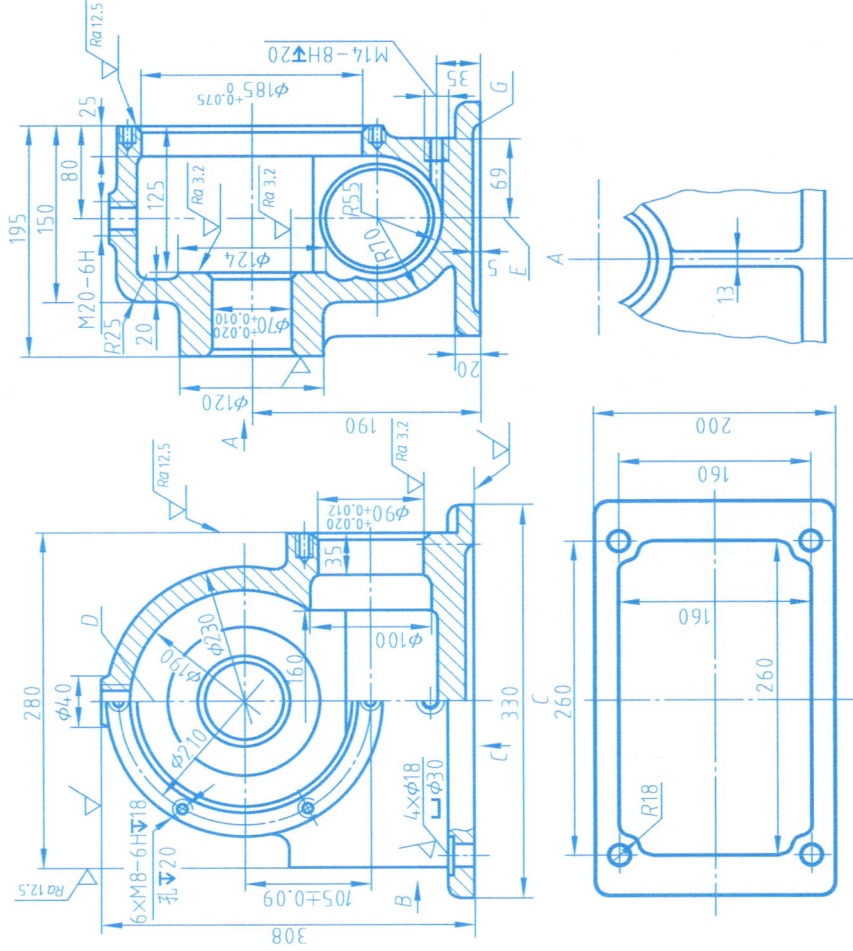

技术要求
1. 未注铸造圆角均为R10。
2. 未注倒角为C2。

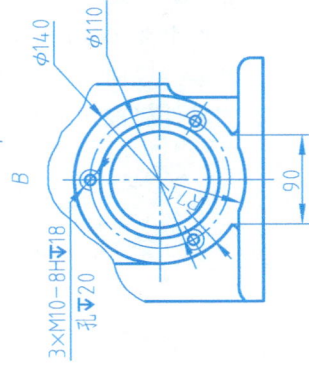

蜗杆减速箱

| 比例 | 材料 |
|------|------|
| 1:2 | HT150 |

(单位)

| 制图 | (姓名) | (日期) |
|------|--------|--------|
| 校核 | | |

(图号)

数量

$\sqrt{} = \sqrt{Ra\ 25}$

$\sqrt[\nabla]{}(\sqrt{})$

137

## 7.4（续）

1. 该零件的名称是_____，属于_____类零件。选用的材料是_____铸铁，牌号是_____，其中 HT 表示_____，200 表示_____。

2. 该零件共用_____个图形表达，主视图采用_____剖视图，剖视图部分是为了表达清楚_____和_____，视图部分是为了表达清楚_____和_____；左视图采用_____，在进一步表达箱体空腔形状结构的同时，着重表达圆形壳体后的轴孔和箱体上方注油螺孔_____和下方排油螺孔_____深_____的形状结构；_____图补充表达肋的形状和位置；_____图补充表达圆筒两端外形及端面上三个 M10 螺孔的分布情况；_____图着重表达减速箱底平面和凹槽的形状大小及四个安装孔的分布情况。

3. 图中所指的 *D*、*E*、*G* 处分别为该零件的_____方向、_____方向和_____方向的主要尺寸基准。考虑工艺要求和加工精度要求，选取_____为高度方向的辅助基准、_____为宽度方向的辅助基准，它们与主要基准的联系尺寸分别为_____和_____。

4. 零件上标注公差要求的尺寸有_____处，它们是_____、_____、_____和_____。

5. $\phi$230 前端面上均匀分布的螺孔的定形尺寸标注形式为_____，此标注表示该表面上有_____个公称直径为_____的螺孔，螺孔深为_____，钻孔深为_____，其定位尺寸为_____。

6. 零件上要求表面结构要求最高的代号为_____，共有_____处。

7. 该零件底面的表面结构要求为_____。

8. 该零件底部加工有深_____的凹槽，试述该槽的作用。

**7.5 按要求完成下列零件图的识读。**

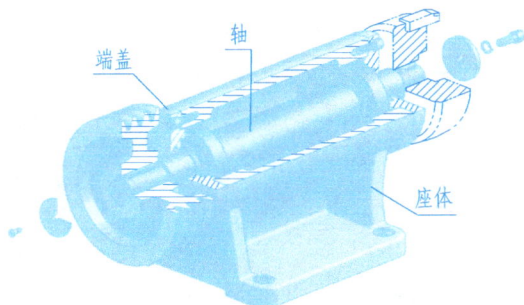

铣刀头装配轴测图

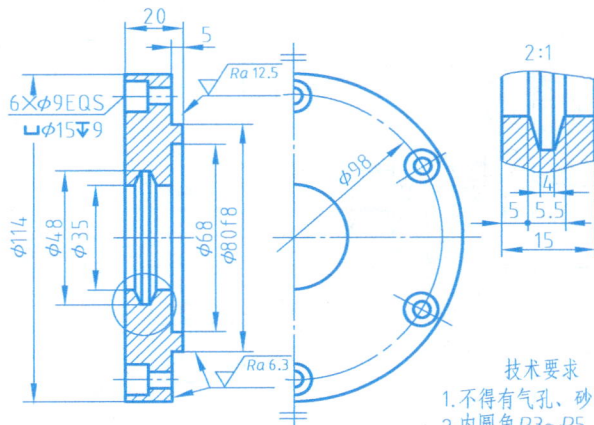

技术要求
1.不得有气孔、砂眼。
2.内圆角R3~R5。

$\sqrt{Ra\ 25}$ ( $\sqrt{}$ )

| 设计 | | （材料） | | （单位） |
|---|---|---|---|---|
| 校核 | | 比例 | | 端盖 |
| 审核 | | 共 张 第 张 | | （图号） |

读零件图的目的是根据零件图想象零件的结构形状、尺寸和技术要求。为了更好地读懂零件图，要联系零件在机器或部件中的位置、功用以及与其他零件的关系来读图。本题参照铣刀头装配轴测图来识读其中三种主要零件图。

铣刀头是铣床上安装铣刀盘的部件，动力通过带轮带动轴转动，轴带动铣刀盘（右端细双点画线所示）旋转，对工件进行平面切削加工。

1. 端盖

端盖材料为 HT200，属于盘盖类零件，参阅铣刀头装配轴测图回答下列问题：

（1）结构分析  端盖的轴孔制有密封槽，槽内放入毛毡可防漏防尘。端盖的周边有_____个均布沉孔，用_____将其与座体连接，并实现对轴的定位和固定。

（2）表达方法分析  端盖的主体结构形状是带轴孔的同轴回转体，主视图采用_____图，表达了轴孔和周边_____的形状。左视图只画图形的一半，中心线上下各两条平细实线是_____符号。为了清晰地标注密封槽的尺寸，采用了_____图表达。

（3）尺寸分析  以端盖的轴线为_____基准，以右端面为_____基准。与其他零件有配合功能要求的尺寸应注出公差，如_____。φ98 是六个均布孔的_____尺寸。

139

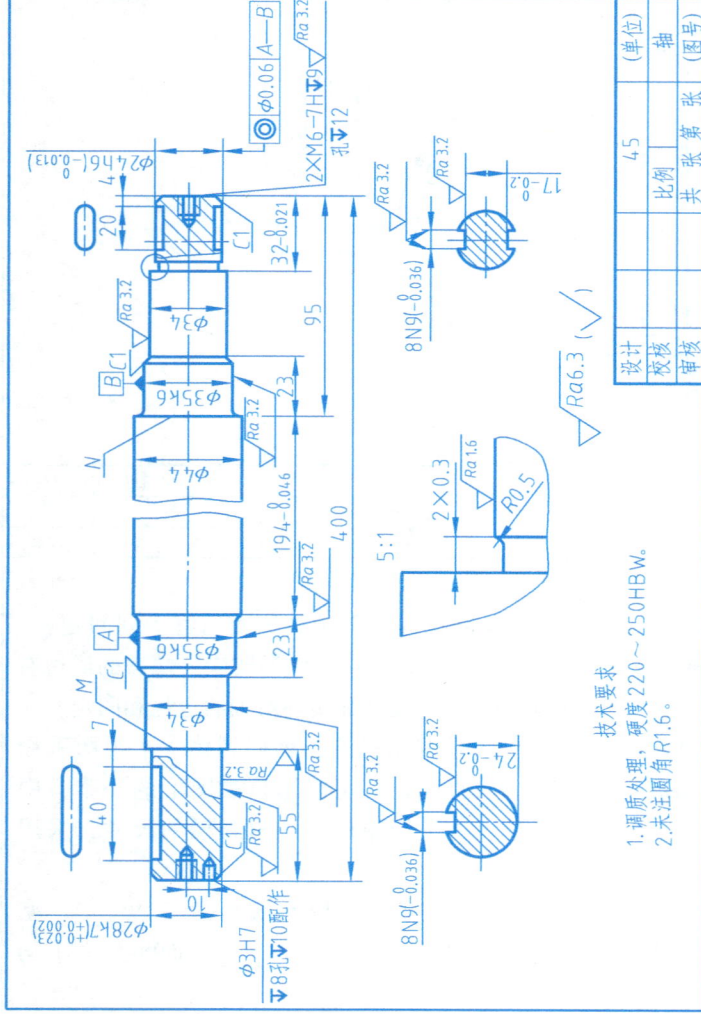

技术要求
1. 调质处理，硬度220~250HBW。
2. 未注圆角R1.6。

| （单位） | | 轴 |
|---|---|---|
| 设计 | | |
| 校核 | 比例 | （图号） |
| 审核 | 共 张 第 张 | 45 |

2. 轴

轴的材料为45钢，属于回转体类零件，参阅装配轴测图回答下列问题（填空）：

（1）结构分析 参照装配轴测图可看出，铣刀头动力由带轮传入，通过单个普通平键（轴的左端）连接传递给轴，所以，轴的左端和右端分别制有_____个_____和_____个键，以分别用来装配_____。该轴有两个安装滚动轴承的轴段（φ35k6）。此外，轴上还有加工和装配时必需的工艺结构，如倒角、退刀槽等。

（2）表达方法分析 按轴的加工位置将其轴线水平放置，采用一个_____视图，用两个断面图分别表示键槽的形状。用局部放大图表示_____的结构。相同的较长轴段采用_____画法。用两个局部视图（简化画法）表示键槽和螺孔、销孔。截面图和辅助干部视图表达_____度和_____的结构。

（3）尺寸分析 以水平轴线为_____主要尺寸基准，由此直接注出安装带轮、轴承和铣刀盘用的_____，有配合要求的轴段尺寸_____。再由轴段的左、右端面为长度方向主要尺寸基准，由右端面注出_____，由左端基准面注出_____尺寸，由M面注出_____尺寸。以中间最大直径轴段的_____面为长度方向主要基准，此注出_____，不注长度方向尺寸。

（4）技术要求 凡注有公差带尺寸的轴段，均与其他零件有配合要求，如注有φ28k7、φ35k6、φ24h6的轴段，表面结构要求较严，Ra上限值分别是_____。安装铣刀盘的轴段φ24h6的延长线上所指的几何公差代号，其含义为φ24h6的轴线对公共基准轴线A—B的_____公差为_____。

与辅助基准之间的联系尺寸。轴向尺寸不能标注成封闭尺寸链。φ34为_____。

3. 座体

座体

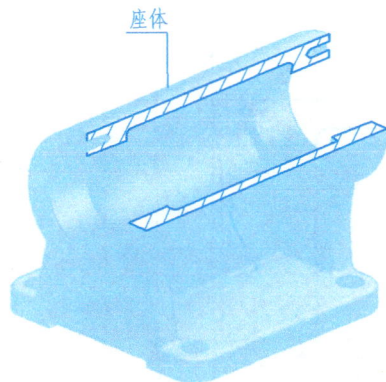

座体材料为 HT200，属于非回转体类零件，参阅铣刀头装配轴测图回答下列问题（填空）：

（1）结构分析　座体在铣刀头部件中起支承轴、带轮和铣刀盘的功用。座体的结构形状可分为两部分：上部是圆筒状，两端的轴孔支承滚动轴承，其轴孔直径与轴承的外径一致，两侧外端面制有与_____连接的螺孔，座体中间部分孔的直径 $\phi90$ 大于两端孔的直径 $\phi80$，是为了_____座体的重量；座体下部是带圆角的方形底板，有_____个安装孔，将铣刀头安装在铣床上，为了接触平稳和减少加工面，底板下面的中间部分做成_____槽。座体的上、下两部分用支承板和肋板连接。

（2）表达方法分析　座体的主视图按_____位置放置，采用_____图，表达座体的形体特征和内部的空腔结构。左视图采用_____图，表示底板和肋板的厚度，以及底板上_____和_____的形状。在圆筒端面上表示了_____个螺孔的位置。由于座体的前后对称，俯视图采用 A 向_____图，表示底板的圆角和_____的位置。

（3）尺寸分析　选择座体的_____为高度方向主要尺寸基准，圆筒的左或右端面为_____度方向主要尺寸基准，前后对称面为_____度方向主要尺寸基准。直接注出设计要求的结构尺寸和有配合要求的尺寸，如主视图中的尺寸 115 是确定圆筒轴线位置的_____尺寸，$\phi80K7$ 是两端轴孔与_____配合的尺寸，40 是两端轴孔长度方向的_____尺寸。左视图和 A 向局部视图中的尺寸 150 和 155 是四个_____的定位尺寸。

（4）解释"6×M6-7H▽20"和"孔▽25EQS"　其中 6×M6 表示公称直径为_____的_____个螺孔的标记，20 是对螺孔_____的要求，孔▽25 是指孔的_____要求，EQS 是_____。

技术要求
1. 铸件不得有气孔、裂纹、缩孔等缺陷。
2. 内圆角R3。

| 设计 | | | HT200 | （单位） |
|---|---|---|---|---|
| 校核 | | | 比例 | | 座体 |
| 审核 | | | 共 张 第 张 | （图号） |

# 课题八  零件测绘

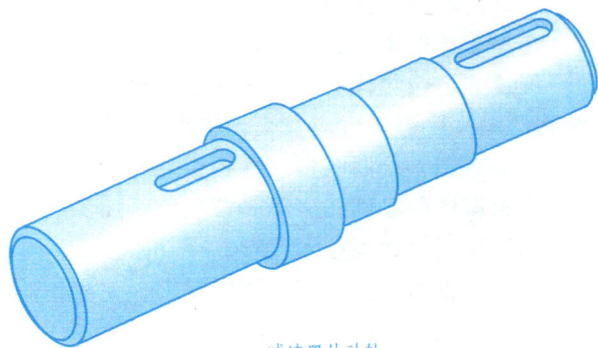

## 8.1  测绘减速器从动轴，并徒手绘制零件草图。

1. 作业要求

1）测绘减速器从动轴，并选用合适的图幅，用 1：1 的比例徒手绘图。

2）表达方案合理，投影正确。

3）尺寸基准选择合理，尺寸标注正确、完整、清晰、合理。

4）合理选用并正确标注从动轴的技术要求。

2. 作业指导

1）了解零件的作用、结构。

2）选择从动轴的表达方案，主视图按加工位置将从动轴的轴线水平放置，轴上的键槽结构应选用断面图来表达。

3）徒手绘制从动轴的各个视图。注意要预留标注尺寸的空间。

4）测量零件尺寸（测量数据先圆整处理），并将尺寸逐个标注在视图上。注意选择好轴向、径向尺寸基准。对于倒角、键槽等结构的尺寸，测量后应查表，按查取的标准值标注。

5）合理选用技术要求项目，并标注在草图视图上。

6）检查草图，核对无误后书写标题栏文字，完成作业。

减速器从动轴

## 8.2 测绘传动器箱体，绘制零件草图。

1. 作业要求

1）测绘传动器箱体，选用合适的图幅，用 1：1 的比例绘制零件图。

2）布图均匀，表达方案合理，投影正确。

3）尺寸基准选择合理，尺寸标注正确、完整、清晰、合理。

4）合理选用并正确标注技术要求内容。

2. 作业指导

1）了解传动器箱体的作用、结构。

2）选择箱体的表达方案。可先做出几个方案进行比较，从中选用最佳方案。

3）测量并记录箱体的尺寸。数据尽量圆整处理，对于倒角、轴承座孔、螺孔等结构的尺寸，测量后应查表，按查取的标准值标注。

4）均匀布图，绘制图框、标题栏外框。

5）绘制箱体的零件图底稿，校核后再加深底稿。

6）标注尺寸，注写技术要求。

7）全面检查图样，书写标题栏文字，完成作业。

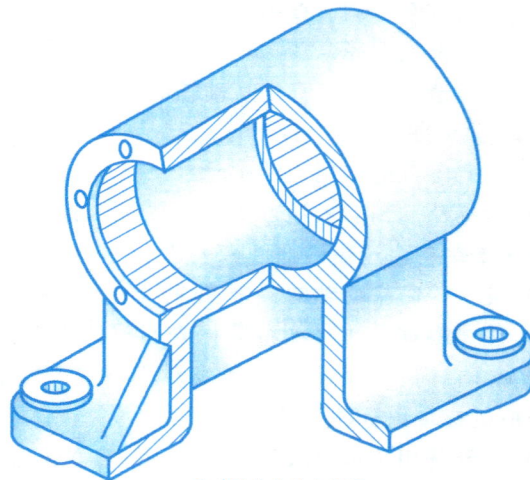

传动器箱体的立体图

# 单元十　装　配　图

# 课题一　认识装配图

**观察传动器装配图，回答下面问题。**

工作原理：传动器是一种简单的传递动力部件，动力由轴一端带轮或齿轮通过平键，将动力传递给轴，轴的另一端再通过平键将动力传递给另一个齿轮或其他轮系。

1. 该装配图的作图比例为_____，共采用_____个图形来表达部件结构。

2. 传动器共由_____种零件构成，其中标准件有_____种。

3. 零件6的名称为_____，材料为_____，该零件是经过铸造、机械加工等步骤得到的。

4. 轴承（序号为5）属于零件还是部件？_____。轴承共有_____个，是"标准件""常用件""非标准件和常用件"中的哪一类？_____。其功用是_____主视图中轴承的剖面线画法是否正确？_____。理由是_____
_____
_____。

5. 该装配图的技术要求是
_____
_____

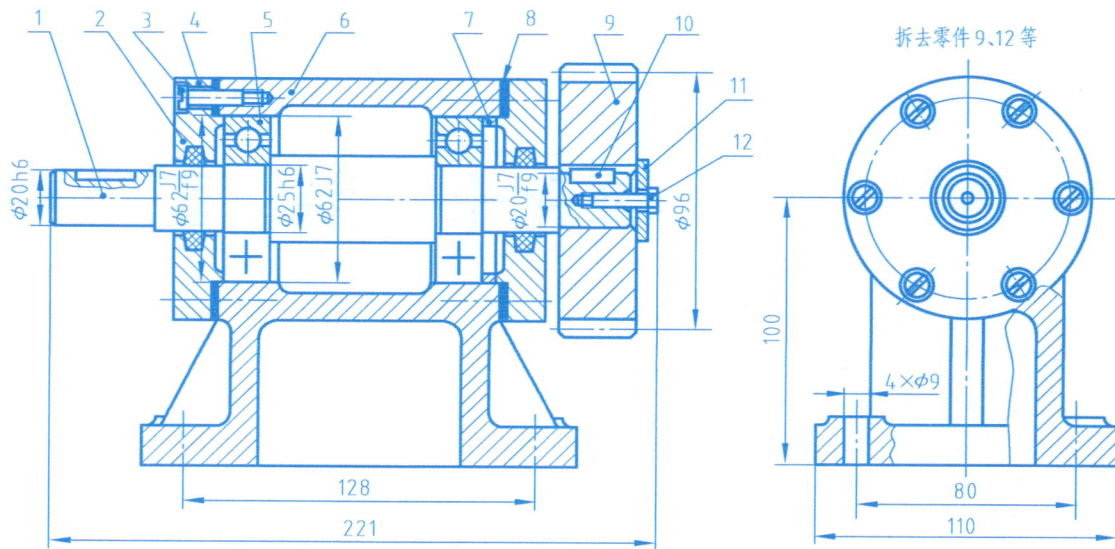

拆去零件9、12等

技术要求

1. 手转动轴旋转应轻松灵活。
2. 轴的轴线与箱底平面平行度公差为0.05。

| 序号 | 名称 | 件数 | 材料 | 备注 |
|---|---|---|---|---|
| 12 | 螺栓M5×20 | 1 | | GB/T 5783—2016 |
| 11 | 挡圈B28 | 1 | | GB/T 892—1986 |
| 10 | 键6×6×16 | 1 | | GB/T 1096—2003 |
| 9 | 齿轮 | 1 | 45 | m=3  z=32 |
| 8 | 纸垫圈 | 若干 | 工业纸 | |
| 7 | 调整环 | 1 | Q235A | |
| 6 | 箱体 | 1 | HT200 | |
| 5 | 轴承6305 | 2 | | GB/T 276—2013 |

| 4 | 端盖 | 2 | HT200 | |
| 3 | 螺钉M6×20 | 12 | | GB/T 65—2016 |
| 2 | 毡圈 | 2 | 毛毡 | |
| 1 | 轴 | 1 | 45 | |

传动器　比例 1:1　共 张　图号　质量　第 张

制图
审核

# 课题二 装配图的表达方法

**2.1 继续观察传动器装配图的图形，完成下面的填空题。**

1. 主视图采用了_____视图，轴上有_____剖，左视图采用了_____视图，并有_____画法。
2. 件1转动时通过_____连接带动件9转动，件11的作用是_____。
3. 该传动器的安装顺序为_____（填写零件序号）。

**2.2 观察千斤顶装配图的图形，回答下面问题。**

1. 这张图样由_____个图形组成，主视图采用了_____，顶杆上有_____剖，并有_____画法。

2. 件3与件4是_____连接，件3是个_____体，其滚花起_____作用。

3. 件4是通过件_____做_____运动而使其上升和下降的。

4. 件2在装配体中起_____作用。

5. 该部件的拆卸顺序为_____（填写零件序号）。

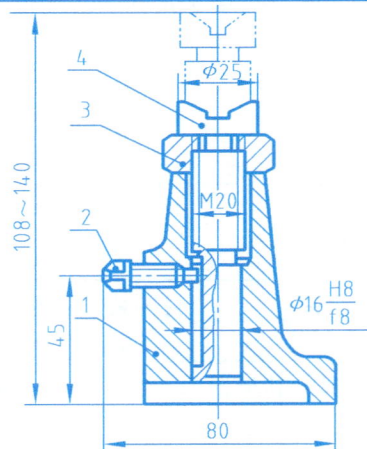

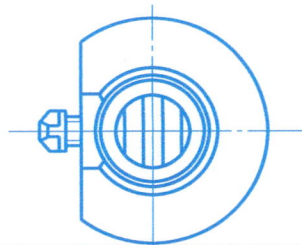

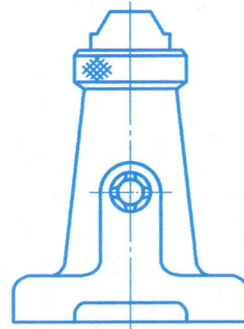

$108 \sim 140$

$\phi 25$

M20

$\phi 16 \frac{H8}{f8}$

45

80

| 4 | 顶 杆 | 1 | 45 | |
|---|---|---|---|---|
| 3 | 螺 母 | 1 | 35 | |
| 2 | 方头长圆柱端紧定螺钉 | 1 | 35 | GB/T 85—1988 |
| 1 | 支 座 | 1 | HT150 | |
| 序号 | 名 称 | 数量 | 材 料 | 备注 |

| 千斤顶 | 比例 | 质量 | 共 张 | （图号） |
|---|---|---|---|---|
| | | | 第 张 | |
| 制图 | | | （厂　名） | |
| 校核 | | | | |

# 课题三 装配图上的尺寸标注

## 3.1 继续观察传动器装配图中的尺寸，完成下面的填空题。

1. 4×φ9 的孔的作用是_____，其定位尺寸为_____，称为_____尺寸。

2. φ20J7/f9 是_____（填写零件名称）与_____（填写零件名称）的配合尺寸，属于_____配合（从"基孔制""基轴制""非基准制"中选填）。其中：φ20 指的是_____；J7 指的是_____；f9 指的是_____。

φ62J7/f9 是_____（填写零件名称）与_____（填写零件名称）的配合尺寸。

这两个尺寸在装配图中被称为_____尺寸。

3. 装配图的尺寸分五种：性能（规格）尺寸、外形尺寸、装配尺寸、安装尺寸和其他重要尺寸。在主视图中的尺寸 221 属于_____尺寸，在左视图中的尺寸 110 属于_____尺寸。

主视图中的尺寸 φ96 为齿轮的_____直径，属于_____尺寸。

## 3.2 继续观察千斤顶装配图中的尺寸，完成下面的填空题。

1. 图中 φ16H8/f8 表示件_____与件_____的配合，配合制为基_____制，公差等级为_____级，配合性质为_____配合。在零件图上用公差带代号标注这些公差要求时，孔的零件图上应注写_____，轴的零件图上应注写_____。

2. 在主视图中标注的 108~140 表示该装配体的_____范围，其最低为_____，最高为_____。

3. 图中 M20 表示_____螺纹，其公称直径为_____。

4. 图中的尺寸 80 称为_____尺寸。

# 课题四 装配体测绘与装配图画法

## 4.1 根据钻模装配示意图和零件图，绘制钻模装配图。

### 工 作 原 理

  钻模是用于在零件的特殊部位（凸台或杆件端面）钻孔时进行对中定位的一种辅助装置。其操作过程是：手持把手 5 将钻模下部的孔套在需要钻孔的结构上，使钻头由套筒 4 导向进入，从而实现钻孔加工时的对中定位。

  在生产实际中，可根据被加工零件形状和结构的不同，选用不同的模座 1 来满足，更换套筒 4 可加工不同直径的圆孔。

  1. 作业要求

  A3 图幅，比例按国标选取。

  2. 相关参数

尺寸标注：

  1）性能（规格）尺寸：模座方孔尺寸 20H9 和 24H9，套筒的内径尺寸 $\phi$14H7。

  2）装配尺寸：套筒 4 和模体 2 的配合尺寸 $\phi$22H7/h6，把手 5 与模体 2 的螺纹连接尺寸 M12-6H/5g，圆柱销 6 与模体 2 的配合尺寸 $\phi$6H7/m6，圆柱销 6 与模座 1 的配合尺寸 $\phi$6H7/m6。

  3）总体尺寸（自行计算）。

技术要求：

  1）装配体应注意避免碰伤零件。

  2）装配后把手应转动灵活。

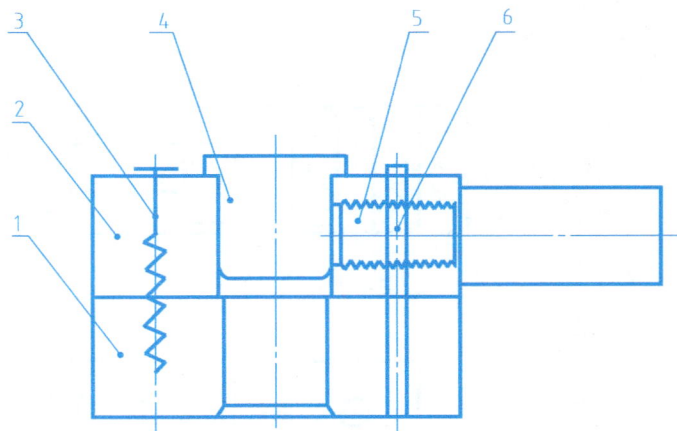

| 6 | 圆柱销6×40 | 2 | Q235 | GB/T 119—2000 |
|---|---|---|---|---|
| 5 | 把手 | 1 | Q235 | |
| 4 | 套筒 | 1 | 40Cr | |
| 3 | 螺钉M6×40 | 2 | Q235 | GB/T 68—2016 |
| 2 | 模体 | 1 | HT150 | |
| 1 | 模座 | 1 | HT150 | |
| 序号 | 名称 | 数量 | 材料 | 备注 |

A—A

2×φ7
⌵φ13×90°

φ22$^{+0.021}_{0}$

Ra 1.6

⊥ | φ0.02 | C

M12—6H

25

12.5

C15

Ra 1.6

Ra 1.6

B—B

∥ | 0.02 | C

Ra 1.6

Ra 1.6

2×销孔φ6H7
配作

C

B

B    B

A    A

40

60

— A

A —

B

46

70

$\sqrt{Ra6.3}$ ( $\sqrt{}$ )

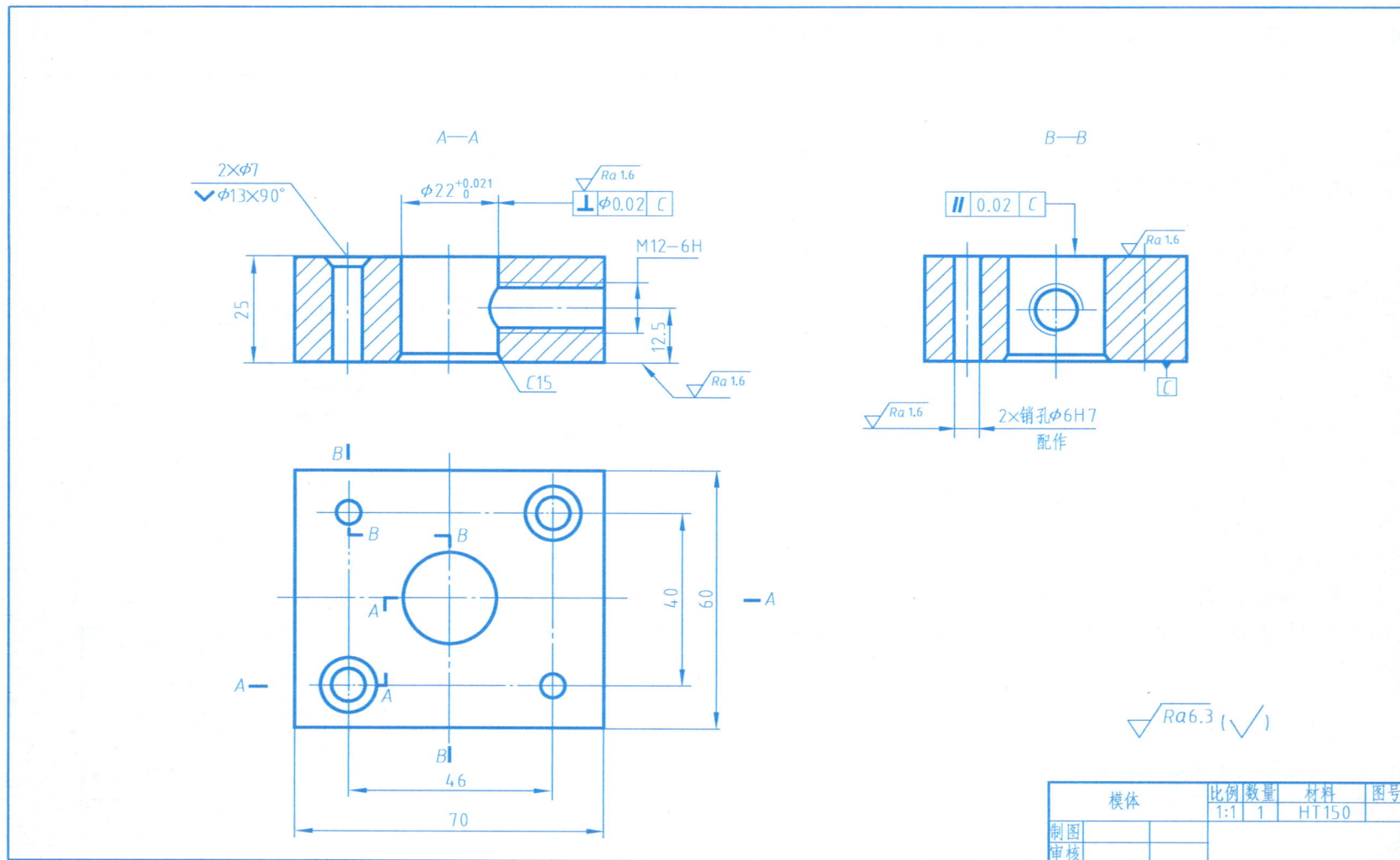

| | 模体 | 比例 | 数量 | 材料 | 图号 |
|---|---|---|---|---|---|
| | | 1:1 | 1 | HT150 | |
| 制图 | | | | | |
| 审核 | | | | | |

## 4.1（续）

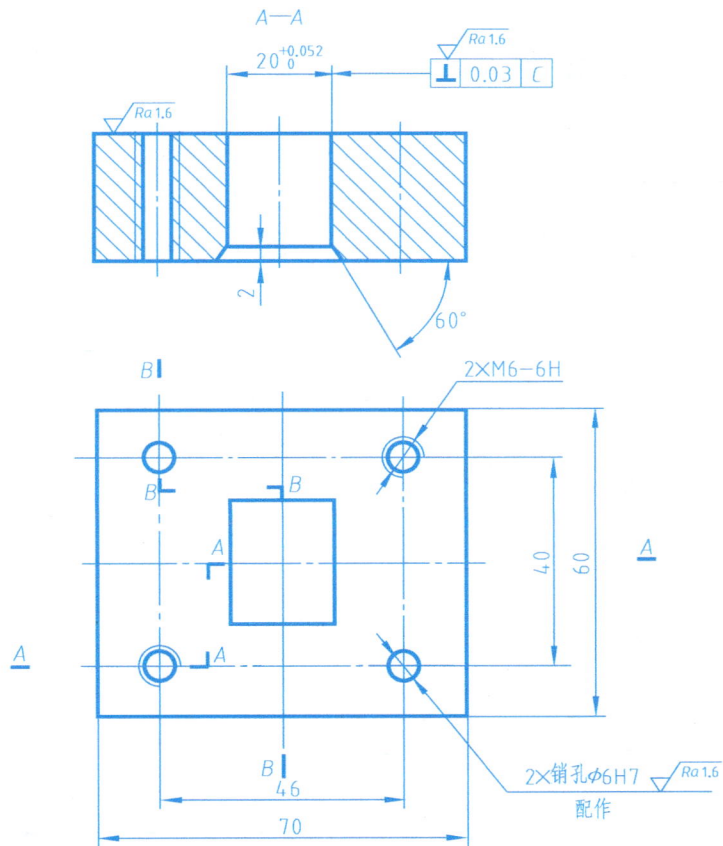

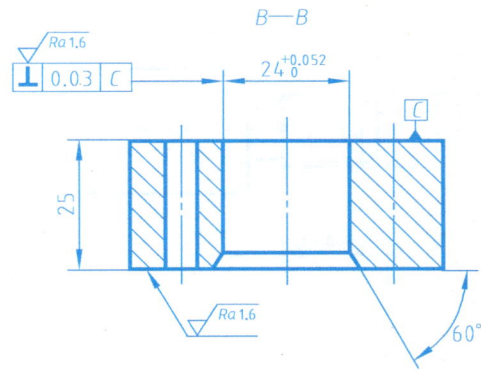

A—A

$20^{+0.052}_{0}$

⟂ | 0.03 | C

Ra 1.6

Ra 1.6

2

60°

B—B

Ra 1.6

⟂ | 0.03 | C

$24^{+0.052}_{0}$

C

25

Ra 1.6

60°

B

2×M6—6H

B — B

A — A

40

60

A

A

A

B

46

70

2×销孔φ6H7 Ra 1.6
配作

√Ra6.3 (√)

| 模座 | 比例 | 数量 | 材料 | 图号 |
|---|---|---|---|---|
| | 1:1 | 1 | HT150 | |
| 制图 | | | | |
| 审核 | | | | |

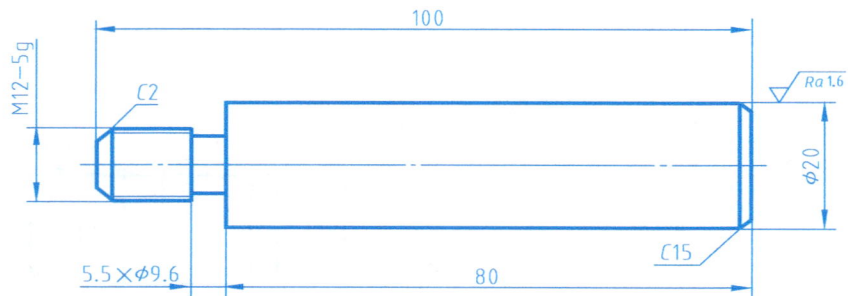

$\sqrt{Ra\,12.5}\ (\sqrt{\ })$

| 把手 | | 比例 | 数量 | 材料 | 图号 |
|---|---|---|---|---|---|
| | | 1:1 | 1 | Q235 | |
| 制图 | | | | | |
| 审核 | | | | | |

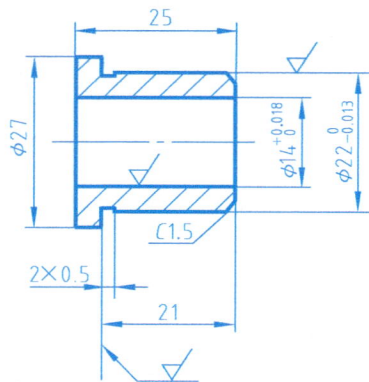

$\sqrt{\ } = \sqrt{Ra\,1.6}$

$\sqrt{Ra\,12.5}\ (\sqrt{\ })$

| 套筒 | | 比例 | 数量 | 材料 | 图号 |
|---|---|---|---|---|---|
| | | 1:1 | 1 | 40Cr | |
| 制图 | | | | | |
| 审核 | | | | | |

**4.2　根据轴承架装配示意图和零件图绘制轴承架装配图，图幅、比例自定。**

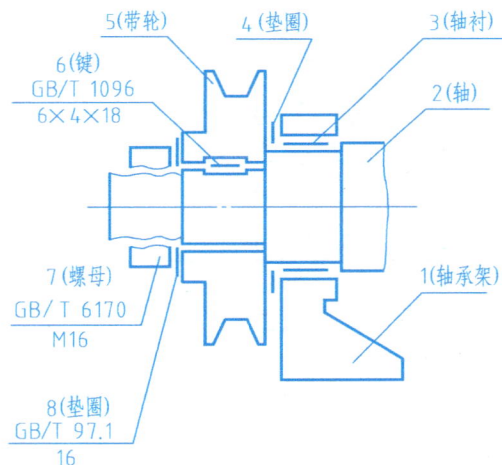

5(带轮)　4(垫圈)　3(轴衬)

6(键)
GB/T 1096
6×4×18

2(轴)

7(螺母)
GB/T 6170
M16

1(轴承架)

8(垫圈)
GB/T 97.1
16

## 说　明

轴 2 配以轴衬 3 与轴承架 1 装配，带轮 5 用键 6 连接于轴上，带轮的两侧衬以垫圈 4 和垫圈 8，并以螺母 7 紧固。

件 2（轴）作为轴承架装配图中的零件之一，理应反映整体的结构形状，这里作为练习，允许采用断裂画法，不画出右部分。

## 技　术　要　求

1）装配后，要求转动灵活。

2）使用时，在件 1 和件 2、件 5 的接触面上滴机油。

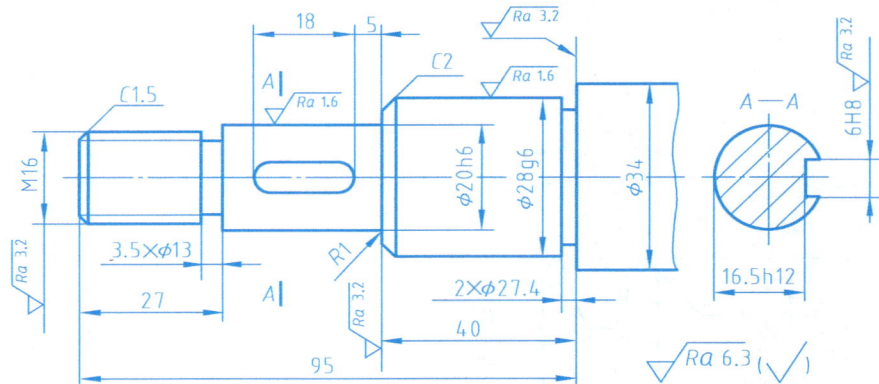

| 2 | 轴 | 1 | 45 | |
|---|---|---|---|---|
| 序号 | 名称 | 数量 | 材料 | 备注 |

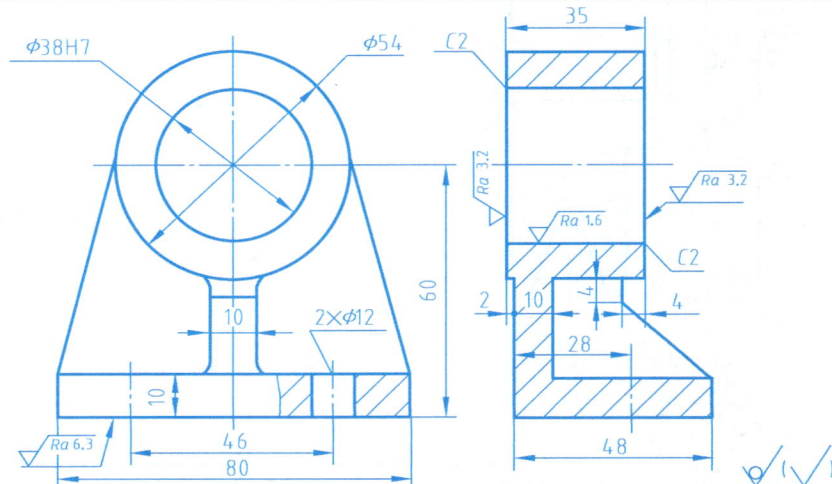

| 1 | 轴承架 | 1 | HT150 | |
|---|---|---|---|---|
| 序号 | 名称 | 数量 | 材料 | 备注 |

153

Ra 1.6

34°

13.1

C1

12

Ra 3.2

C1.5

C1

C1.5

6H8 Ra 3.2

30$^{+0.5}_{0}$

$\phi$20H7

22.8H12

Ra 1.6

C1

$\phi$95

$\phi$90

$\phi$40

Ra 3.2

C1

8

20

$\sqrt{Ra\ 6.3}$ ( $\sqrt{}$ )

C2

Ra 1.6

$\phi$28H7

Ra 1.6

$\phi$38p6

C1

Ra 3.2

C2

Ra 6.3

35

| 3 | 轴衬 | 1 | 青铜 | |
|---|---|---|---|---|
| 序号 | 名称 | 数量 | 材料 | 备注 |

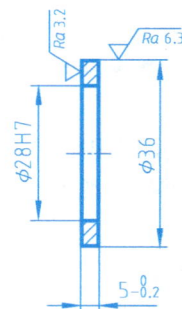

Ra 3.2 Ra 6.3

$\phi$28H7

$\phi$36

5$-^{0}_{0.2}$

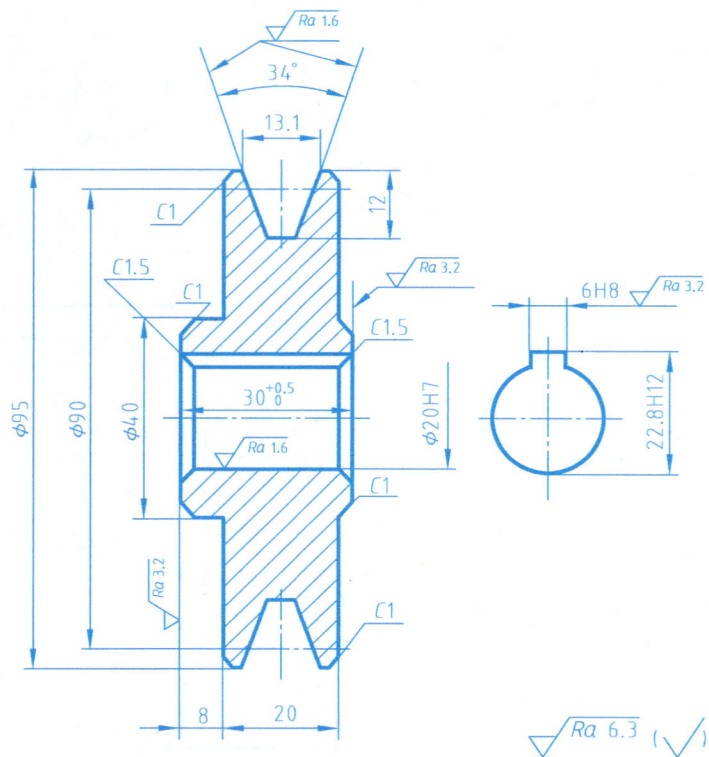

| 5 | 带轮 | 1 | HT150 | |
|---|---|---|---|---|
| 序号 | 名称 | 数量 | 材料 | 备注 |

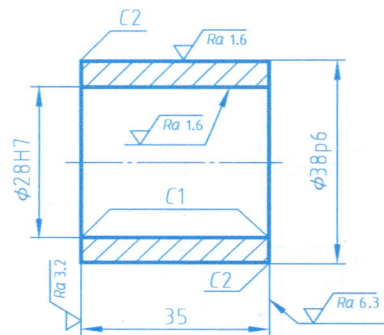

| 4 | 垫圈 | 1 | Q235 | |
|---|---|---|---|---|
| 序号 | 名称 | 数量 | 材料 | 备注 |

# 课题五 识读装配图

5.1 参照立体图（见下页），识读机用虎钳装配图，并完成下面问题。

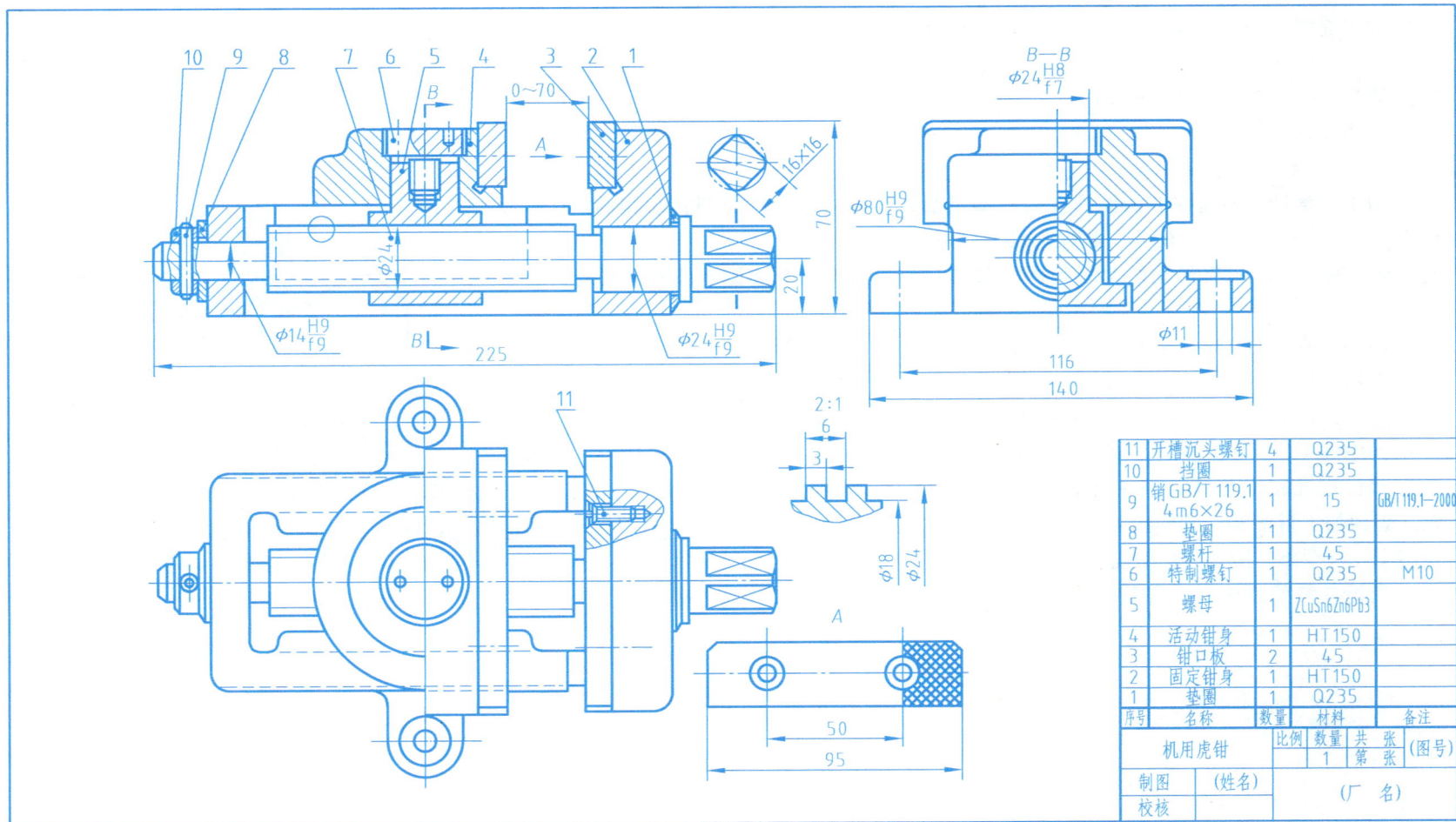

| 11 | 开槽沉头螺钉 | 4 | Q235 | |
|----|------|---|------|---|
| 10 | 挡圈 | 1 | Q235 | |
| 9 | 销GB/T 119.1 4m6×26 | 1 | 15 | GB/T 119.1—2000 |
| 8 | 垫圈 | 1 | Q235 | |
| 7 | 螺杆 | 1 | 45 | |
| 6 | 特制螺钉 | 1 | Q235 | M10 |
| 5 | 螺母 | 1 | ZCuSn6Zn6Pb3 | |
| 4 | 活动钳身 | 1 | HT150 | |
| 3 | 钳口板 | 2 | 45 | |
| 2 | 固定钳身 | 1 | HT150 | |
| 1 | 垫圈 | 1 | Q235 | |
| 序号 | 名称 | 数量 | 材料 | 备注 |

| 机用虎钳 | 比例 | 数量 | 共　张 | （图号） |
|------|----|----|------|------|
| | | 1 | 第　张 | |
| 制图 | （姓名） | | （厂　名） | |
| 校核 | | | | |

155

5.1 （续）

1. 该机用虎钳是安装在机床工作台上，用于夹紧工件，以便进行切削加工的一种通用工具。该机用虎钳由_____种零件组成，其中_____、_____是标准件，其他为专用件。

2. 机用虎钳装配图是采用三个_____视图、一个单独表示_____的视图、一个表示_____的_____图和一个_____图来表达。主视图采取_____视图，表达机用虎钳的_____和_____，虚线表示件_____的轮廓线；俯视图反映固定钳座的结构形状，并采用_____剖视；左视图为_____剖视图。

3. 工作原理：旋转_____使_____带动_____做水平方向的左右移动，从而夹紧工件进行切削。最大夹持厚度为_____。

4. 为了使螺杆在钳座左右两圆柱孔内转动灵活，螺杆两端轴颈与圆孔采用的配合都是_____制_____配合，其配合尺寸分别是_____、_____。为了使活动钳身在钳座工字形槽的水平导面上移动自如，活动钳身和固定钳身的配合尺寸是_____。

5. 图中注有"16×16"的剖面表达了件_____的右端形状，其断面各对边之间的距离均为_____ mm。件7的螺纹牙型是_____形，公称直径为_____ mm。该机用虎钳的安装尺寸为_____、_____。

6. 图中件7、9与件10是_____连接，件6上两个小孔的用途是_____。

7. 该机用虎钳上与被夹持工件直接接触的零件是_____，数量为_____，该件表面加工有滚花，其作用是_____，与_____和_____分别用_____个螺钉（件11）连接在一起。

8. 简述该装配体的装拆顺序。

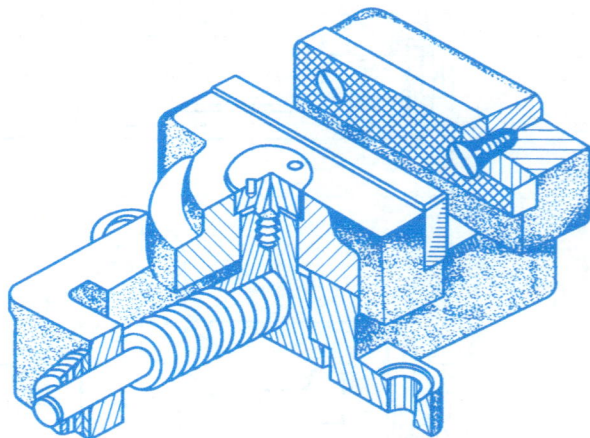

## 5.2 识读换向阀装配图，完成下面各题。

换向阀工作原理：换向阀用于流体管路中控制流体的输出方向。在图示情况下，流体从右边进入，从下出口流出。当转动手柄4，使阀门2旋转180°时，下出口不通，流体从上出口流出。根据手柄转动角度大下出口不通，流体从上出口流出。根据手柄转动角度大小，还可以调节流量的大小。回答下列问题：

1. 本装配图共用_____个图形表达，A—A断面表示_____和_____之间的装配关系。

2. 换向阀由_____种零件组成，其中标准件有_____种。

3. 换向阀的规格尺寸为_____。图中标记 Rp3/8 的含义是_____；Rp 是_____代号，它表示_____螺纹，3/8 是_____代号。

4. 左视图上 3×φ8mm 孔的作用是_____，其定位尺寸称为_____。

5. 锁紧螺母的作用是_____。

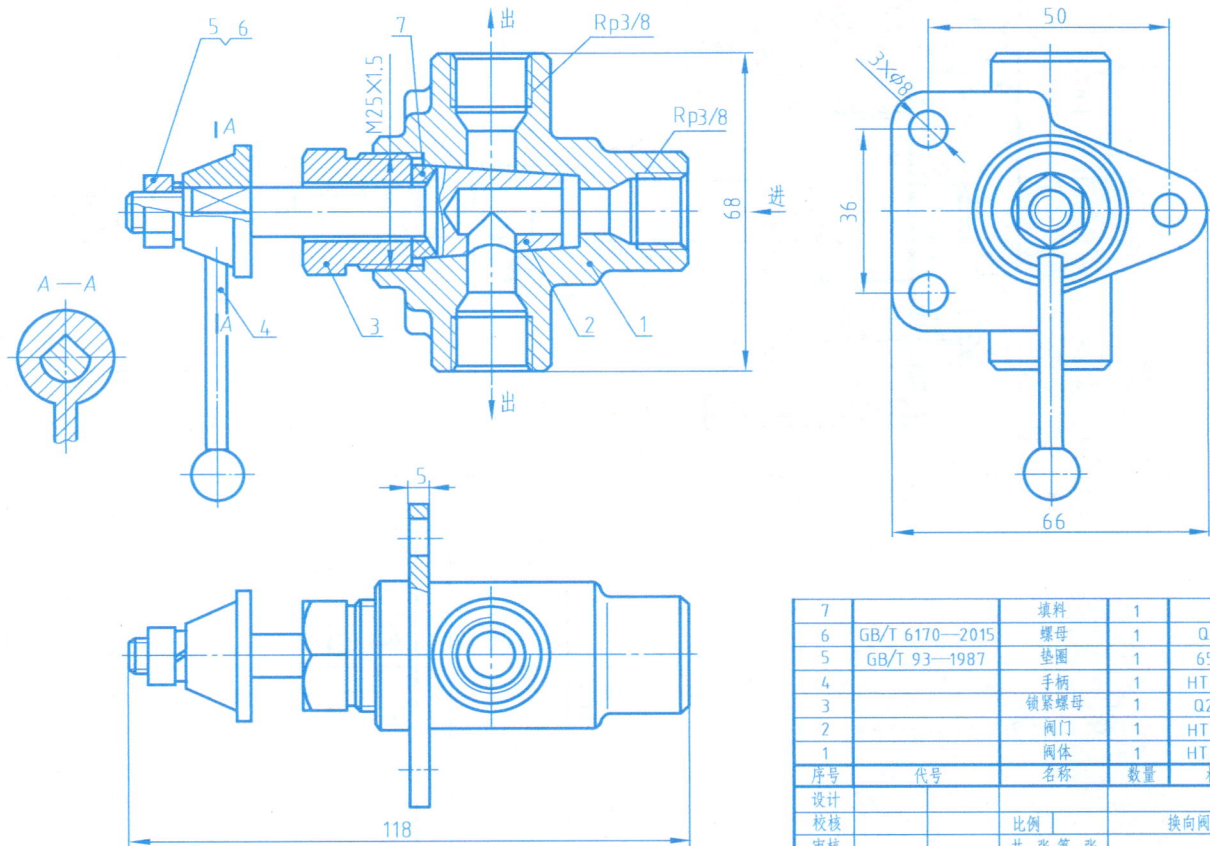

| 7 | | 填料 | 1 | |
|---|---|---|---|---|
| 6 | GB/T 6170—2015 | 螺母 | 1 | Q235 |
| 5 | GB/T 93—1987 | 垫圈 | 1 | 65Mn |
| 4 | | 手柄 | 1 | HT200 |
| 3 | | 锁紧螺母 | 1 | Q235 |
| 2 | | 阀门 | 1 | HT200 |
| 1 | | 阀体 | 1 | HT200 |
| 序号 | 代号 | 名称 | 数量 | 材料 |
| 设计 | | | | |
| 校核 | | 比例 | | 换向阀 |
| 审核 | | 共 张 第 张 | | |

**5.3 看懂齿轮泵装配图，并完成下面问题。**

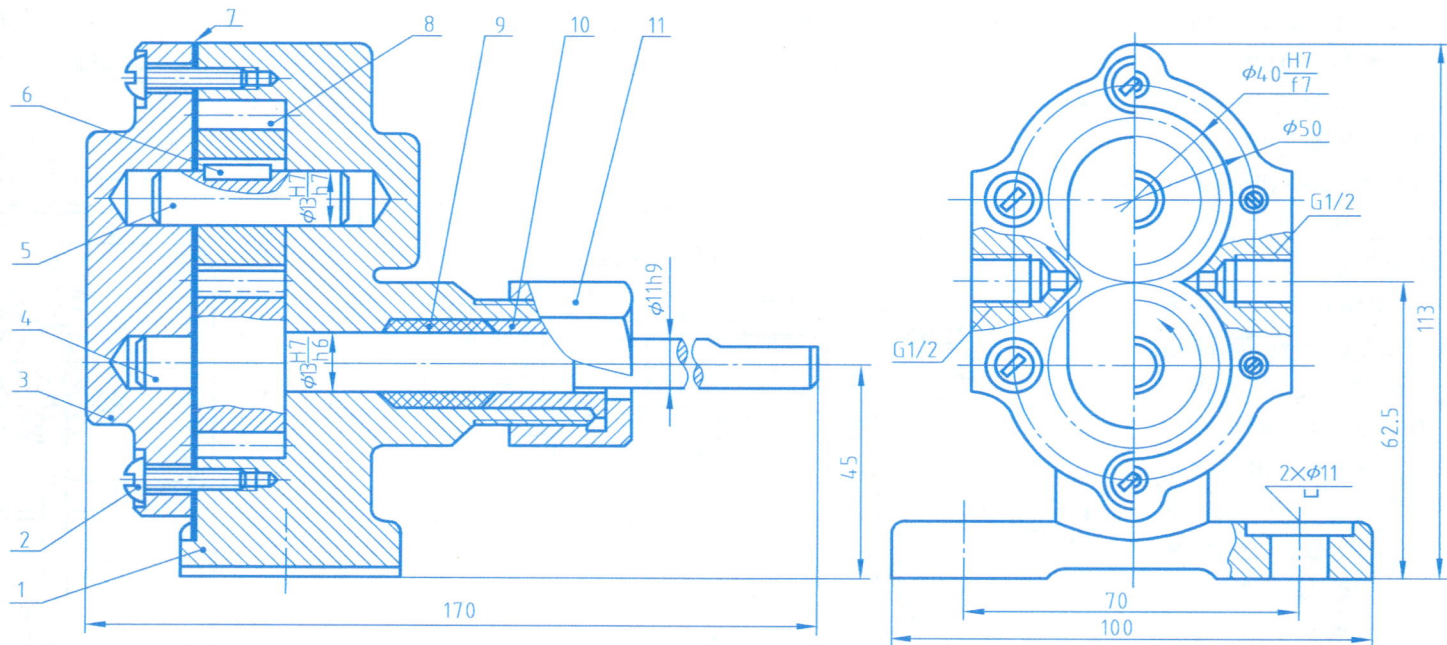

技术要求
1.装配后齿轮运转灵活。
2.两齿轮轮齿啮合宽度应占齿宽的3/4。

| 11 | 压紧螺母 | 1 | Q235A | | 4 | 齿轮轴 | 1 | 45 | $m=2.5$，$z=14$ |
|----|---------|---|-------|---|---|--------|---|-----|------------------|
| 10 | 填料压盖 | 1 | Q235A | | 3 | 泵盖 | 1 | HT150 | |
| 9 | 填料 | 1 | 石棉绳 | | 2 | 螺钉M5×20 | 6 | | GB/T 67—2016 |
| 8 | 齿轮 | 1 | 45 | $m=2.5$，$z=14$ | 1 | 泵体 | 1 | HT150 | |
| 7 | 垫片 | 1 | 工业纸 | | 序号 | 名称 | 数量 | 材料 | 备注 |
| 6 | GB/T 1096 键5×5×14 | 1 | 45 | GB/T 1096—2003 | | 齿轮泵 | | 比例 | |
| 5 | 轴 | 1 | 45 | | | | | 图号 | |

158

5.3（续）

1. 该齿轮泵由_____种零件组成，其中_____、_____是标准件，其他为专用件。

2. 该装配图采用_____个图形表达，其中主视图采用了_____图、左视图采用了_____图。

3. 件3与件1之间用件_____连接，该件共有_____个，其定位尺寸为_____。

4. 件9用件_____压紧，又用件_____拧紧。

5. 件9的作用是_____。

6. 件8的模数为_____，齿数为_____。

7. 更换件6时，拆卸顺序是_____（按拆卸顺序写件号）。

8. 安装孔共有_____个，每个孔的直径是_____，定位尺寸为_____，该孔的尺寸称为_____尺寸。

9. 齿轮轴与泵体之间的配合代号是_____，就配合代号看它们是_____制的_____配合。

10. 左视图上标出的 $\phi40H7/f7$ 是件_____和件_____的配合代号。

11. 进出油孔螺纹规格是_____，它们是_____螺纹。

12. 如果齿轮按左视图上箭头所示方向旋转，那么_____面的是进油口，_____面的是出油口。

13. 图中特意将尺寸 $\phi11h9$ 注写出来，其目的是_____。

14. 齿轮泵的外形尺寸是_____、_____、_____。

15. 齿轮泵泵油的工作原理是_____

_____

_____。

# 课题六　由装配图拆画零件图

## 6.1　由 2.2 千斤顶装配图，按要求拆画支座零件图。

1. 用适当的表达方法，表达清楚零件结构形状。
2. 把装配图上与该零件有关的尺寸标注到零件图中。

## 6.2 由 5.3 齿轮泵装配图，按要求拆画泵盖零件图。

1. 用适当的表达方法，表达清楚零件结构形状。
2. 把装配图上与该零件有关的尺寸标注到零件图中。

## 6.3 按要求拆画零件图。

看懂夹线体装配图，拆画件2夹套零件图（A4图纸）。

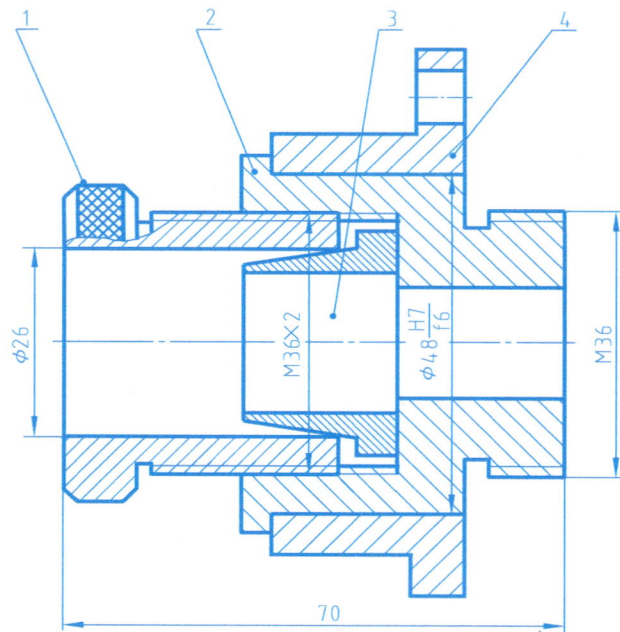

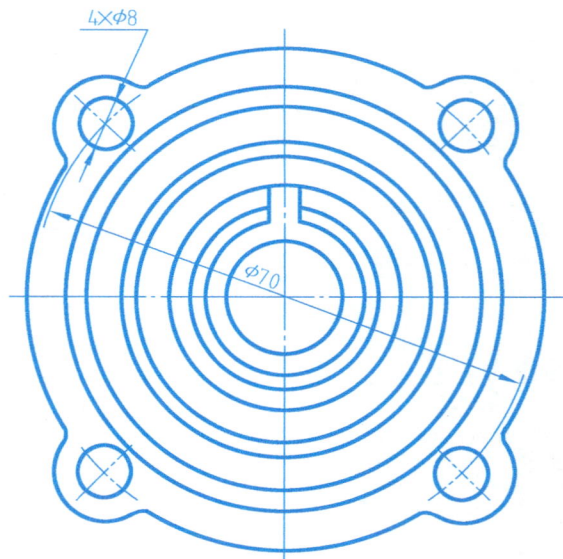

工作原理

夹线体是将线穿入衬套3中，然后旋转手动压套1，通过螺纹M36×2使手动压套向右移动，沿着锥面接触使衬套向中心收缩(因在衬套上开有槽)，从而夹紧线体。当衬套夹住线后，还可以与手动压套1、夹套2一起在盘座4的φ48孔中旋转。

**作业提示**

1）拆画零件图应在读懂装配图，并弄清装配关系和零件结构形状的基础上进行。

2）按剖面线方向和投影关系分离出被拆画的零件。

3）对零件尚未表示清楚或被遮挡的部分，应根据零件的功用和使用要求补画完整。零件上的结构要素应查有关标准、手册确定。

| 4 | | 盘座 | 1 | 45 |
|---|---|---|---|---|
| 3 | | 衬套 | 1 | Q235 |
| 2 | | 夹套 | 1 | Q235 |
| 1 | | 手动压套 | 1 | Q235 |
| 序号 | 代号 | 名称 | 数量 | 材料 |
| 设计 | | | | |
| 校核 | | 比例 | | 夹线体 |
| 审核 | | 共 张 第 张 | | |

162

6.4 在A4图纸上，选择合适的比例，根据装配图拆画水龙头件5阀盖的零件图。

G1/2

50

Tr12×2

φ5H11/h11

G3/8

G1/2

R35

110~116

| 9 | | 把手 | 1 | Q235 | | |
| 8 | | 阀杆 | 1 | Q235 | | |
| 7 | | 压盖 | 1 | Q235 | | |
| 6 | | 填料 | 1 | 石棉 | | |
| 5 | | 阀盖 | 1 | Q235 | | |
| 4 | | 垫圈 | 1 | 橡胶 | | |
| 3 | | 阀瓣 | 1 | Q235 | | |
| 2 | | 阀瓣垫 | 1 | 橡胶 | | |
| 1 | | 阀体 | 1 | HT300 | | |
| 序号 | 代号 | 名称 | 数量 | 材料 | 单件 / 总计 质量 | 备注 |

| 标记 | 处数 | 分区 | 更改文件号 | 签名 | 年月日 | | (单位名称) |
| 设计 | (签名) | (年月日) | 标准化 | (签名) | (年月日) | | 水龙头 |
| 制图 | | | | 阶段标记 | 质量 | 比例 | (图样代号) |
| 审核 | | | | | | 1:1 | (投影符号) |
| 工艺 | | | 批准 | | | 共 张 第 张 | |

技术要求
1. 装配后经392000Pa水压试验，停留3min,不得渗漏。
2. 使用时忌油和其他腐蚀性介质。

# 参 考 文 献

[1] 王幼龙. 机械制图习题集 [M]. 4 版. 北京：高等教育出版社，2013.

[2] 钱可强. 机械制图习题册 [M]. 5 版. 北京：中国劳动社会保障出版社，2007.

[3] 黄正轴，张贵社. 机械制图习题集 [M]. 北京：人民邮电出版社，2010.

[4] 朱向丽. 机械制图与测绘习题集 [M]. 2 版. 北京：高等教育出版社，2014.